Beate Forsbach

Senta & ich

Beate Forsbach

Senta & ich

Vom Glück des Lebens mit einem Hund

Edition Forsbach

Bibliografische Information der Deutschen Nationalbibliothek
Die Deutsche Nationalbibliothek verzeichnet diese Publikation in der Deutschen Nationalbibliografie; detaillierte bibliografische Daten sind im Internet über http://dnb.dnb.de abrufbar.

Edition Forsbach
Hundebücher mit Herz

Küchelstraße 9, D-96047 Bamberg
info@edition-forsbach.de
www.edition-forsbach.de
3. Auflage, Bamberg 2026

Coverbild, Autorenbild, S. 124: © Theresia Berger
Covergrafik: Tim Gouder
S. 5, S. 189 © Ralf Dombrowski
S. 45, S. 121 © Birgit Wohler
S. 183 © Eileen Kumpf – Adobe Stock
Alle anderen Fotos: © Dr. Beate Forsbach

Druck und Bindung: Wir machen Druck GmbH
Illerstraße 15, 71522 Backnang

Printed in Germany
ISBN 978-3-95904-110-2 (Print)
ISBN 978-3-95904-112-6 (E-Book)

In liebevoller Erinnerung an
meine Seelenhündin Senta
und ihr Herrchen Hans Christian.

Ihr wart meine besten Freunde.

Danke für all die Liebe, die ihr mir
und der Welt geschenkt habt.

Inhalt

Einleitung

Ich bin kein „Hundemensch“ – diese Bezeichnung hat mal eine Autorin geprägt und ich fand sie schon immer etwas „daneben“ – nicht nur die Autorin, sondern auch diesen Begriff „Hundemensch“.

Ich gehöre nicht zu den Hundebesitzern, die schon immer Hunde in ihrem Leben hatten. Ja, ich habe mir noch nicht einmal einen Hund gewünscht, bevor ich einen bekam.

Mein Mann Hans Christian hatte sich sein Leben lang einen Hund gewünscht, aber sein Leben als Lehrer und später als Schulaufsichtsbeamter hat es ihm nicht erlaubt, einen Hund zu halten.

Als mein Mann krank wurde, sind wir nach Fehmarn gezogen, was mein Traum der letzten Jahrzehnte gewesen war. Als ich noch als Lehrerin an einem Gymnasium tätig war, konnte ich mir nichts Besseres vorstellen, als nach meiner Pensionierung mal sechs Wochen am Stück auf Fehmarn zu bleiben.

Und dann wurde der Wunsch daraus, oder besser gesagt, das Ziel, spätestens mit 64 ganz auf Fehmarn zu leben. Das habe ich übertroffen, weil wir bereits früher ganz nach Fehmarn gezogen sind – ich war erst 58 und habe schon meinen 60. Geburtstag im eigenen Haus mit einem großen Gartenfest gefeiert. Viele Nachbarn, Freunde und Verwandte waren dabei – und Senta, der Hund. Genauer gesagt, die Berner Sennenhündin Senta.

Sie kam im Juli 2011 zu uns – aber ich will etwas früher beginnen zu erzählen: Wir sind im November 2010 in unser Haus auf der Insel Fehmarn gezogen – undenkbar wäre das früher für mich gewesen, auf einem solch kleinen Dorf zu leben, und dann noch nicht mal direkt am Meer. Immerhin konnten wir das Meer von der Terrasse aus sehen und zu Fuß hingehen – denn mein Hund wollte leider nicht ins Auto einsteigen. Aber dazu später.

Im Januar sagte ich zu meinem Mann: Wenn wir nun schon ein Haus mit Garten haben (beides hatte ich mir NIE gewünscht), dann können wir auch ein Hündchen anschaffen. Denn das war der lebenslange Wunsch meines Mannes gewesen, und da er nun krank und pflegebedürftig war, wollte ich ihm jeden Wunsch erfüllen.

Ich selbst hatte schon seit mehreren Jahren den Wunsch, einen eigenen Verlag zu haben, um ohne große Kosten und Umstände eigene Musikbücher zu publizieren. Ein Ergebnis meiner Dissertation, an der ich über 10 Jahre gearbeitet hatte und die nun 500 Seiten umfasste – nicht mehr, denn dann hätte sie mein Doktorvater nicht mehr angenommen. Also gab ich sie ab mit genau 500 Seiten – und veröffentlichte danach zwei Musikfachbücher. Denn der Zweitgutachter hatte gemeint, ich müsste die Ergebnisse meiner Dissertation unbedingt für die Musiklehrer an den Schulen verfügbar machen.

Ich hatte aber noch Ideen und Stoff für viele weitere Musikbücher und interessierte mich schon lange für das Self-Publishing. So gründete ich dann am 11. Februar 2011 meinen Verlag, die Edition Forsbach.

Und im Juli 2011 kam Senta zu uns – sie war am 3. Mai 2011 geboren und brachte Leben ins Haus. Ich merkte schnell, dass dieser wuselige Welpe nichts mit der Idealvorstellung zu tun hatte, die wir aus einschlägigen Berner Sennen-Büchern gewonnen hatten. Da sah man nur niedliche und wirklich hübsche Hündchen, was unsere Senta ohne Zweifel auch war. Kurz vorher hatte ich einen Welpen nach wenigen Tagen zurückgegeben, die sogenannten Züchter hatten mir gesagt, ich sei nicht geeignet, einen Hund großzuziehen, bestenfalls könne ich nach dem Tode meines Mannes mal ein Schoßhündchen halten. Daher fühlte ich mich herausgefordert zu beweisen, dass ich durchaus in der Lage war, einen Hund großzuziehen.

Freud und Leid wechselten ab – und nach dem Tod meines Mannes am 10. Februar 2014 stand ich da: mit einem Haus und großem Garten, mit einem Mercedes B-Klasse und mit einer fast 3-jährigen, riesigen Berner Sennenhündin. Alles Dinge bzw. Lebewesen, die ich mir in meinem Leben nie gewünscht hatte. Ich verkaufte meine geliebte Strandwohnung, unser kleines Paradies, das nie mehr UNSER Paradies sein würde. Dadurch konnte ich alle finanziellen Löcher stopfen und den Mercedes aus dem Darlehen ablösen. Der Tag, an dem er mir gehörte und auf meinen Namen überschrieben war, erschien mir gar nicht wie ein Feiertag.

Ich konnte mich nicht so richtig daran freuen, denn: Wo sollte ich hinfahren?

Mehr als vier Jahre lang hatte ich nicht mehr verreisen können. Ich konnte noch nicht einmal über Nacht irgendwohin fahren, obwohl ich anfangs noch mehrere attraktive Einladungen zu Fachtagungen und sogar Fernsehauftritten bekam. Aber ich konnte ja meinen schwer pflegebedürftigen Mann nicht allein lassen, dazu mit einem Berner Sennenhündchen, das nicht im Auto mitfahren wollte.

Das Hündchen trauerte mit mir um meinen Mann, wir gingen zusammen zum Friedhof und es legte sich immer vor dem Grab hin, um sein Herrchen zu bewachen. Mein Traum aber war, mit Senta nach Armentarola zu fahren, in das schöne Hotel in den Dolomiten, wo ich so glückliche Tage mit Hans Christian erlebt hatte. So oft hatte ich die Reise schon geplant, mit dem Auto und Übernachtungen in Hotels, die behindertengerecht waren und große Hunde aufnahmen. Denn Senta war inzwischen zu einer Riesenhündin herangewachsen – ich konnte es ohne Hilfe schon lange nicht mehr schaffen, sie ins Auto zu befördern. Meinen Traum, mit meiner kleinen Familie, Hans Christian, Senta und ich, nach Armentarola zu reisen, konnte ich leider nicht mehr verwirklichen, das sah ich irgendwann in Hans Christians letztem Jahr ein.

Aber der Wunsch war geblieben, nur wollte Senta nicht ins Auto einsteigen. Und ein gutes Dutzend von Hundetrainern – echten und selbst ernannten – versuchten sich an der Aufgabe, meinen Hund zum Einsteigen in das Auto zu bewegen. Heute glaube ich, dass es auch daran lag, dass in dem Mercedes B-Klasse, der nun mir gehörte, noch mein Mann mitgefahren war. Zu Dritt waren wir im Jahr 2012 zum Welpentreffen nach Lübeck gereist – das war wohl unsere letzte gemeinsame Fahrt. Und ich glaube, dass Senta nicht in dieses Auto einsteigen wollte, weil sie immer noch Hans Christian witterte, den sie genauso schmerzlich vermisste wie ich.

Wo sollte ich also hinfahren? Alle Reisemöglichkeiten waren begrenzt durch den Hund, der jeweils alleine zu Hause bleiben würde – natürlich nur für ein paar Stunden. Bis ich dann im Oktober 2015 „auf die Schnauze fiel“ und mir einen vierfachen Unterkieferbruch zuzog.

Das Hündchen saß allein zu Hause, und die Hundefreundin, die ich inzwischen gefunden hatte und die sich immer wieder mal um Senta kümmerte, wenn ich z. B. zu meinem Zahnarzt nach Bamberg fuhr, war gerade mit ihrem Mann in Urlaub, weit weg in der Türkei.

Vom Krankenwagen aus, der mich in die Uniklinik nach Lübeck bringen sollte, wo ich 12 Tage bleiben musste, organisierte ich das Nötigste: ein Ladegerät für mein Handy, einen Schlafanzug, Rückführung meines Autos vom Parkplatz in Burg nach Hause, UND: Versorgung meines Hundes Senta. Zum Glück hatte ich einen Vertrag mit einem Hundeservice geschlossen, als mein Mann ins Krankenhaus gekommen war. Die Dame kümmerte sich nun um Senta, bis meine Hundefreundin aus dem Urlaub zurück war.

Fortan konnte ich immer mal für wenige Tage verreisen, Hundefreundin und Tierservice kümmerten sich gut um Senta, die derweil das Haus hütete. Da sie laut bellte, wenn sich ein Unbekannter dem Haus näherte, brauchte ich mir keine Sorgen zu machen.

Im Februar 2016 blieb ich dann auf der Autobahn bei Hamburg liegen – am Freitagnachmittag, das Hündchen wartete zu Hause auf mich (diesmal ohne Tierservice) und ich hatte auch noch nichts gegessen. Das Auto blieb in der Mercedes-Werkstatt, und ich fuhr mit einem Mietwagen nach Hause. Zwei Tage später erfuhr ich von dem Meister in meiner Mercedes-Werkstatt, der mein Auto aus Ahrensburg abgeholt hatte, dass es einen ungewöhnlichen Schaden in der Elektronik gab, den sie erst nach stundenlangem Suchen gefunden hatten.

Nachdem ich einige Freunde und Bekannte konsultiert hatte, was ich jetzt machen sollte, erschien mir die Antwort meiner Hundefreundin überzeugend: Sie meinte, ein neues schickes Auto würde gut zu meiner neuen Lebenssituation passen – und vielleicht würde dann Senta auch in das neue Auto einsteigen.

Das gab den Ausschlag für meine Entscheidung und wenige Tage später, am 11. Februar 2016, dem Tag unseres 5. Verlagsjubiläums, holte ich das Auto beim Mercedeshändler ab: ein Mercedes A-Klasse, mit niedriger Rückbank, auf der Senta bestimmt mal liegen würde!

Irgendwann entdeckte ich das neue Praxisbuch von José Arce, dessen erstes Buch „Meine 5 Geheimnisse für eine glückliche Mensch-

Hund-Beziehung“ mich schon begeistert hatte. Ja, es war auch ein Kapitel mit praktischen Übungen drin für Hunde, die nicht ins Auto einsteigen wollten.

Ich probierte das aus und meine Senta saß tatsächlich zum ersten Mal im Auto! Ich fasste neuen Mut und wollte das nun mit ihr trainieren – aber im Alltag war das nicht ganz einfach, vor allem wusste ich auch nicht genau, wie ich es trainieren sollte. Aber ich wusste: DAS KLAPPT!!!

Im September hatte ich ein Autorenseminar in Armentarola ausgeschrieben, zu dem sich gleich mehrere Autoren angemeldet hatten. Es würde also stattfinden, denn „zur Not“ könnte ich Senta auch zu Hause lassen und mit dem Zug für acht Tage dorthin fahren. Das war aber wieder eine Herausforderung für mich, denn ich hatte das Gefühl, es könnte auch mit Senta und dem neuen Auto klappen. So würden wir beide in Armentarola Sentas Herrchen und meinem geliebten Mann ganz nahe sein – denn Armentarola liegt ja 1630 Meter hoch, also sehr nahe zum Himmel!!!

Das mit dem Himmel kam dann aber anders als gedacht. Doch dazu später!

Zunächst einmal überlegte ich, wie ich es schaffen könnte, Senta ans Autofahren zu gewöhnen. Das „Praxisbuch“ von José Arce schien mir die Lösung zu bieten. So wollte ich es während einer langen Zugfahrt nach Bamberg studieren – lud mir aber dann das E-Book herunter, weil das Printbuch ziemlich schwer in der Tasche sein würde. Und bei Amazon sah ich dann den Vermerk, dass der Autor José Arce auch zu persönlichen Workshops zu einem nach Hause kommen würde. Ich besuchte seine Homepage und überlegte mir während der 7-stündigen Zugfahrt, was das für mich und Senta und unser Leben bedeuten könnte, wenn sie mit mir im Auto fahren würde.

Als ich in Bamberg aus dem Zug ausstieg, wusste ich: Das werde ich machen, egal was es kostet. Leider musste ich nach der Ankunft in Bamberg erst zum Zahnarzt, schrieb aber vom Zahnarztstuhl über Facebook José Arce an, der mir antwortete, ich solle bitte sein Büro in Mallorca anrufen, das ginge noch bis 19 Uhr. Ich war ja noch beim Zahnarzt und erzählte der Helferin von meiner Idee. Sie meinte, was das wohl kosten würde. Ehrlich gesagt war mir das völlig egal. Nur die Vorstellung, fortan mit Senta gemeinsam reisen zu können, beflügelte mich. Nach der Behandlung eilte ich in mein Hotel und rief im Büro von José Arce an. John, sein netter Mitarbeiter, hörte sich mein Problem an und meinte, dass José das ganz bestimmt lösen könnte. Ich sagte, ja, aber ich will am 13. September nach Armentarola! Es war immerhin schon Mitte Juli.

Du kannst es Wunder nennen oder auch Zufall, aber durch eine Terminverschiebung konnte José Arce am 1. August nach Hamburg fliegen, ich fand tatsächlich noch ein Hotelzimmer in Burg auf Fehmarn für ihn, obwohl während der Hauptsaison eigentlich alles ausgebucht war. Und am 2./3. August fand dann unser persönlicher Workshop statt. Danach fuhr Senta im Auto mit und ich hatte eine Technik erlernt, wie ich sie immer und mit Sicherheit wieder ins Auto bekommen könnte, auch irgendwo auf einem Rastplatz an der Autobahn, wenn ich keine Hilfe finden könnte.

Fortan waren wir oft unterwegs – zuerst fuhren wir „zur Probe“ zu einer Freundin in Bayern und von dort auch nach Bamberg. Denn ich wusste ja nicht, wie eine 700 km lange Autofahrt mit einer Berner Sennenhündin vor sich gehen würde, und ob sie überhaupt ein fremdes Haus betreten würde. Denn bisher war sie ja immer nur in unserem Haus auf Fehmarn gewesen. Aber alles klappte und wir starteten dann am 11. September 2016 zu der langen Reise, die uns über Bayern bis nach Armentarola führen sollte. Diese Reise aber hatte einen dramatischen Verlauf, doch davon später.

In den nächsten Jahren sind wir Tausende von Kilometern zusammen im Auto gefahren – Senta begleitete mich überallhin, zu Seminaren, Buchvorstellungen, Lesereisen, nach Berlin, Köln, Hamburg, Deidesheim, Bad Ems, Bamberg, Salzburg, Seefeld, München – und immer wieder nach Armentarola, zu allen Jahreszeiten. Bis wir am 24. Juli 2019 schließlich die Sonneninsel Fehmarn verließen und nach Bamberg umzogen.

Senta und ich waren ein starkes Team geworden – sie war für mich eine Lebensgefährtin, die mich überall dorthin begleitete, wo ich war. Die erste Zeit in Bamberg war eine Herausforderung für uns beide, und nach sechs Monaten zogen wir dann noch einmal um in die schöne Penthousewohnung, in der ich jetzt lebe. Die Neubauwohnung in der Küchelstraße hatte zwei Jahre leer gestanden, der Vermieter meinte, diese Wohnung hätte auf uns gewartet. Senta war eine starke und trotzdem feinfühlige Hündin, sie hat unser Leben genauso geliebt wie ich.

Bis zu dem Tag im Sommer 2021, als der erste Schatten auf unser Glück fiel. Kurz darauf entdeckte ich einen dicken Knubbel an Sentas Bauch. Ich versuchte, den mit mentaler Kraft zum Verschwinden zu bringen. Der Tierarzt meinte, das sei harmlos. Aber danach war nichts mehr wie früher. Senta wurde krank und starb am 5. Februar 2022. Ich erlebte eine Trauer, wie ich sie noch gar nicht kannte. Vergleichbar in ihrer Intensität der Trauer um meine Mutter, die nun fast 25 Jahre tot ist, und um meinen geliebten Hans Christian, dessen Todestag sich kurz nach Sentas Tod zum achten Mal jährte.

Einige Menschen versuchten, meine emotionale Instabilität in der Trauer um meine geliebte Seelenhündin auszunutzen. Mir wurden Welpen und auch ältere Hunde angeboten und irgendwann erkannte ich, dass ich eigentlich nur meine Senta wiederhaben wollte. Ich schrieb das Buch „Der Himmel hat einen neuen Stern. Abschied vom Seelenhund“, um meine Trauer zu verarbeiten und anderen Menschen zu helfen, deren Hund gestorben war oder kurz davor war, über die Regenbogenbrücke zu gehen. Menschen, denen nicht so gute Freunde geholfen haben, so wie mir. Ich gewann viele neue Freunde, vor allem Menschen mit Berner Sennenhunden.

Ich spürte, wie mein Herz immer mehr für Berner Sennenhunde schlug und nahm mir vor, im September erst einmal ganz allein nach Armentarola zu fahren. Aber kurz vor meinem 70. Geburtstag im Mai buchte ich spontan eine kleine Auszeit in Armentarola – dort, wo ich im März die Asche meiner Senta im Gaderbach bestattet hatte. Am Tag vor meiner Abreise – es war Samstag, der 18. Juni 2022, sah ich plötzlich auf Facebook eine Wurfankündigung.

Von dort ging ich auf die Homepage *Berner Sennenhunde von Delingsdorf* und wusste, dass ich etwas gefunden hatte, was ich (unbewusst) schon lange gesucht hatte: ein großer Hof mit Pferden und

Hunden in Schleswig-Holstein – eine ganze Berner Familie lebte dort! In die Hündin Daisy auf der Titelseite verliebte ich mich sofort! Die Fotos zeigten mir die Züchterin Frauke Daerr, die diesen Hof offenbar mit ganz viel Liebe zu ihren Tieren führte.

Meine E-Mail wurde gleich beantwortet und schon am Abend telefonierten wir ausgiebig miteinander und setzten das Gespräch später über WhatsApp fort.

Das Universum hatte prompt reagiert auf meinen Wunsch nach einem Welpen – und das Gesetz der Anziehung hatte offenbar auch funktioniert.

Ich schrieb: „Danke danke danke – ich glaube, ich habe heute gefunden, was ich (unbewusst) gesucht habe." Und Frauke antwortete: „Gerne ... ich freue mich, wenn ich Leute glücklich machen kann, wenn sie durch einen Berner Leuchten in den Augen haben." Ich daraufhin: „Ja, die Augen leuchten – und das Herz singt."

So kam ich zum zweiten Mal in meinem Leben nach Ahrensburg, zuerst am 8. August, wo ich die vier Wochen alte Frieda auf dem Arm halten durfte, und dann am 8. September, als ich sie zu mir nach Hause holte. Und so endet dieses Buch mit dem Kapitel „Und dann kam Frieda – die Liebe hört niemals auf".

Und noch etwas: Diese Einleitung schreibe ich nun im Herbst – während die kleine Frieda unter meinem Schreibtisch liegt und friedlich schläft. Ich hatte das Cover eine Woche vor Sentas Tod anfertigen lassen und damals gedacht, dass ich das Buch im Frühjahr schreiben könnte. Aber es war unmöglich für mich – Sentas Tod hatte mich völlig aus dem Gleichgewicht gebracht. Einige Texte habe ich bereits im Laufe der Jahre geschrieben – und die Welpenzeit mit Frieda lässt mich vieles erinnern, was ich bereits vergessen hatte.

Am Abend des 18. Juni, als ich Frauke Daerr kennengelernt hatte, schrieb ich ihr auf WhatsApp von meinem Buch und schickte das Cover hin. „Das Buchcover habe ich eine Woche vor Sentas Tod gestaltet. Das Buch schreibe ich im Sommer." Und sie antwortete: „Schöner Anfang … bin gespannt wie es weitergeht, und enden tut es mit *Und dann kam Frieda …*" Daraufhin schrieb ich: „Das ist ein schöner Name – deutsch und mit a hinten."

Nachtrag im Sommer 2023

Dieses Buch sollte eigentlich schon einige Jahre früher erscheinen – doch dann begann die Corona-Krise und am 31. März 2020 erlebte ich meine ganz persönliche C-Krise: Ich hatte mehrere andere Programme geöffnet und verfolgte drei verschiedene Webinare zur aktuellen Situation. Bis der Bildschirm meines iMac plötzlich schwarz wurde – und blieb. Erst 14 Tage später konnte ich meinen neuen iMac in Betrieb nehmen. Viele Daten waren da – aber ein großer Teil meiner Fotos war nicht mehr vorhanden. Dazu gehörten auch die meisten Fotos von Senta als Welpe und heranwachsender junger Hund.

Und dann fiel mir mein fast schon vergessenes Buchprojekt ein: „Senta & ich. Mein Leben mit einer Berner Sennenhündin.“ Ich holte die Unterlagen heraus, fand ein Inhaltsverzeichnis und genügend Bilder, die ich für ein solches Buch verwenden könnte. Das gab mir enormen Mut und eine große Zuversicht – auch neue Energie, am liebsten hätte ich sofort mit dem Buchschreiben begonnen.

Und ich hatte einen Blog geschrieben, der immer noch im Internet zu finden ist: „Senta ist da – ein Berner Sennenbaby auf der Sonneninsel Fehmarn.“ Dort fand ich viele Fotos, allerdings in reduzierter Qualität. Ich habe viele der Blogartikel im ersten Kapitel dieses Buches übernommen und die Fotos aufbereitet, so dass sie druckfähig sind. Ab 2013 habe ich alle Fotos gesammelt, die ich auf Facebook veröffentlicht habe – ebenfalls in etwas reduzierter Qualität. Zudem gibt es mehrere Artikel über Senta in meinem persönlichen Blog, auch daraus konnte ich Fotos und Texte gewinnen. Alle Originalfotos bis 2017 sind leider bei dem Computercrash vernichtet worden. Die Kapitel meines Buches folgen daher nicht immer dem zeitlichen Ablauf, sondern sind thematisch ausgerichtet. Auch Überschneidungen kommen vor.

Nun stelle ich dieses Buch im Sommer 2023 fertig – Frieda ist inzwischen ein temperamentvoller Junghund, am 7. Juli 2023 ist sie ein Jahr alt geworden. Während der turbulenten Welpenzeit mit ihr ist mir vieles eingefallen, was ich mit Senta erlebt habe. Daran versuche ich mich jetzt zu erinnern, denn zum Aufschreiben bin ich in den letzten Monaten nicht gekommen.

Das Glück des Lebens mit einem Hund erlebe ich nun auch mit Frieda, und ich bin daher motiviert, all die schönen Erlebnisse mit Senta für euch, liebe Leserinnen und Leser, aufzuschreiben. Es geht eigentlich gar nicht mehr nur um das Leben mit einem Hund, sondern mit einem Berner Sennenhund. Wie sehr mir diese Rasse ans Herz gewachsen ist, wurde mir erst in den Monaten nach Sentas Tod so richtig bewusst. Inzwischen weiß ich auch, dass ein Berner Sennenhund ein wunderbarer Lebensgefährte sein kann – auch wenn man, so wie ich, bereits im sogenannten „Rentenalter“ ist.

Mehrere ältere Menschen haben mich bereits kontaktiert und haben es mir nachgemacht, indem sie noch einmal einen Berner Sennenwelpen zu sich genommen haben. Für diese Menschen schreibe ich zusammen mit der Züchterin Frauke Daerr das Buch „Und dann kam Frieda. Ein etwas anderes Welpenbuch“.

Als mich neulich jemand fragte, warum ich denn einen solch großen und stürmischen Hund angeschafft hätte, sagte ich, dass ich die Berner Sennenhunde liebe und so wundervolle Erfahrungen mit meiner Seelenhündin Senta gemacht habe. Und dass der Berner Sennenhund absolut geeignet für Senioren ist. Nur die Welpenzeit und die stürmische Junghundezeit bis zur Vollendung des 2. Lebensjahres muss man erst einmal überstehen – dann hat man den liebsten, treuesten und besten Lebensbegleiter, den man sich vorstellen kann.

Bamberg, im August 2023 Beate Forsbach

Senta ist da – ein Berner Sennenbaby auf der Sonneninsel Fehmarn

Moin moin, ihr Lieben,

ich bin Senta Forsbach. Ich bin vor ein paar Tagen hier auf der Sonneninsel Fehmarn angekommen. Mein Frauchen und Florian haben mich von meinen Eltern geholt.

Im Auto war es gemütlich, ich hatte eine Hundedecke von meiner Mama dabei. Trotzdem haben sie angehalten und etwas sauber gemacht. Florian hat seine Hand in die gemütliche Hütte gehalten und dann habe ich geschlafen.

Ich wohne in einem schönen Haus, und ein toller Garten ist da! Da darf ich rennen und toben, Frauchen kommt gar nicht mit.

Gestern Abend kamen viele Leute zu Besuch, alle haben leckeren Kuchen gegessen. Zum Glück bekam ich dann auch etwas, mh war der lecker!

Mein Herrchen kam auf einem Stuhl die Treppe hinunter, dann setzte er sich in einen Stuhl mit Rädern. Er hat sich sehr gefreut, mich kennenzulernen.

Post habe ich auch schon bekommen, von Birgit aus Amerika.

Eine tolle Decke hat Birgit für mich genäht.

Florian war auch wieder da, er hat mich in den Arm genommen.

Und Antonia hat mit mir geschmust, das war schön, sage ich euch!!! Hoffentlich kommt die bald wieder. Antonias Freund hat auch mit mir gespielt – Mann, war das alles toll!

Ich sollte auf dem Sofa sitzen. Aber das darf man doch nicht!!
Aber gemütlich ist die Decke, kann ich euch sagen!

Am Abend haben wir einen Spaziergang gemacht, ich musste an der Leine gehen. Ich will doch unser Dorf kennenlernen!

In der Nacht kam ein großes Unwetter, ich hatte ganz schön Angst. Herrchen aber auch. Ich konnte gar nicht einschlafen.

Heute morgen kam Frauchen schon ganz früh, ich musste kurz in den Garten. Aber sie hat auch im Flur etwas aufgewischt. Dann war sie wieder weg und ich habe in dem gemütlichen Körbchen unter der Treppe ganz fest geschlafen.

Als Frauchen wiederkam, gab es endlich was zu fressen. Ich hatte vielleicht einen Hunger!

Wir haben Ball gespielt im Garten. Und dann sind wir wieder auf der Straße spazieren gegangen. Frauchen sagte immer „Sitz" – und wenn ich mich dann einfach hinsetzte, gab sie mir etwas Leckeres.

Nun sind wir wieder zu Hause, Frauchen sitzt am Schreibtisch und schaut immer auf eine bunte Scheibe. Dazu bewegt sie die Finger. Zuerst musste ich unten bleiben, aber wer will schon allein sein! Da habe ich mich gemeldet und sie hat mich nach oben getragen. Stellt euch vor, das ist noch mal so ein Bett wie unten. Aber die haben hier einen gemütlichen Boden, da ruhe ich mich jetzt aus.

Frauchen sagt, es ist Sonntag und da schlafen alle länger. Mein Herrchen war auch noch nicht da. Bald erzähl ich euch mehr! Kommt mal wieder hier vorbei! Eure Senta

Erste Erlebnisse

Hallo, da bin ich wieder! Frauchen hat mich schon an ihr MacBook gelassen, aber so richtig klappt das noch nicht. Meine Tatzen sind ein wenig zu groß!

Das ist schön hier, vorgestern durfte ich im Auto mitfahren zum Einkaufen, aber da waren viele Autos, ich war froh, als wir wieder zurück waren. Gestern waren wir bei der Tierärztin, die war richtig nett. Sie fand, dass alles mit mir in Ordnung war. Ich habe einen Chip bekommen, aber ich lauf doch sowieso nicht weg!

Heute morgen sind wir wieder spazieren gegangen, immer die Straße entlang. Wir haben Lisbeth getroffen, die ist schon viel älter als ich. Aber sie bekommt von meinem Frauchen auch ein Leckerli. Sie kann schon gut Platz, ich habe das einfach mal nachgemacht, weil Frauchen sich so freut, wenn ich es auch kann.

Zum ersten Mal am Strand

Am 5. August war herrliches Sommerwetter und ich fuhr zum ersten Male mit Senta an den Strand in Westermarkelsdorf. Dort war es leider sehr voll und Senta musste an der Leine gehen. Aber sie lief sofort ins Wasser und fand das wohl auch sehr schön.

Da sie noch keine Beißhemmung hat, waren die Waden von Touristen, die im Wasser standen, ein wenig gefährdet.

Manche Menschen guckten finster, dass Senta auch am Strand war. Eine Frau brachte mir einen Plastikbeutel, weil sie meinte ...

Aber es gab auch viele nette Menschen, und Senta findet sowieso alle nett. Sie will jeden begrüßen und freut sich darüber, wenn die Menschen sie streicheln.

Eine Familie mit drei kleinen Kindern stand da ganz fasziniert und ließ sich alles über Senta erzählen. Die Kinder möchten auch einen

Hund haben. Ein Berner Sennenhund ist da sicher sehr geeignet, der ist doch sehr lieb mit Kindern.

Die „Hundesprache“ ist ja sehr wichtig für die Beziehung Mensch-Tier. Das habe ich aus dem Wörterbuch „Hund-Deutsch, Deutsch-Hund“ von Martin Rütter gelernt, das mir eine Freundin zum Geburtstag geschenkt hatte.

So muss Senta wohl gehört haben, dass eine Freundin meinte, ich sollte mal mit ihr in die Hundeschule gehen, zumindest sollte ich einen Hundetrainer engagieren. Sie müsse doch richtig an der Leine laufen können.

Von diesem Tag an lief Senta mustergültig an der Leine – ob ihr es glaubt oder nicht. Also: keine Hundeschule.

Eine Welpengruppe brauchen wir auch nicht, weil es hier im Dorf so viele Hunde gibt, die Senta trifft bzw. mit denen sie spielen kann.

Begegnung am Strand

Trotz Ferien stand ich am Sonntag, 21. August früh auf, denn Senta wartet ja auf mich und ihr Frühstück. Sie ist jetzt fast vier Monate alt, wiegt schon fast 20 kg und kann die Treppe hinauf und hinunter laufen. Wenn ich zu lange schlafe, kommt sie nach oben und erwartet mich – oder sie schläft dort noch einmal eine Runde.

Heute nun war ein strahlender Sommertag – davon haben wir in den letzten Wochen nicht allzu viele gehabt. Es hat gestürmt und geregnet, einmal sogar 60 Stunden am Stück. Wenn Fehmarn tatsächlich das regenärmste Gebiet Deutschlands ist – wie war es dann erst woanders?

Heute Morgen strahlte die Sonne und der Himmel war tiefblau – ich beschloss, mit Senta zum Strand zu fahren. Frühmorgens würden noch nicht so viele Touristen da sein, die sich durch Hunde gestört fühlten. Ich lud Senta ins Auto und startete Richtung Südstrand, aber unterwegs änderte ich spontan die Richtung und gelangte zu dem Dörfchen Gold, wo ich noch nie gewesen war.

Dort ist ein unbewachter Naturstrand, und Senta freute sich, dass sie ins Wasser gehen konnte. Wir liefen den Strand entlang und gingen dann weiter auf einem Deich, von wo aus man die ganze Bucht von Lemkenhafen überblicken und in die andere Richtung zur Fehmarnsundbrücke schauen konnte. Angesichts von Sand, Wasser und einem kräftigen Berner Sennen Welpen hatte ich diesmal meine Spiegelreflexkamera zu Hause gelassen.

Mit einem Mal rief eine junge Frau in Surferkleidung vom Strand zu uns: „Oh, was für ein süßer Hund – ist der jetzt so etwa vier Monate alt? Ich bin Hundetrainerin, darf ich mal zu Ihnen kommen?“ Und schon kam sie zu uns und schmuste mit Senta. Ich sagte, oh wie schade, hätte ich doch meine Kamera dabei, aber sie lachte und meinte, sie würde mit ihrem iPhone fotografieren und mir die Bilder per Email zuschicken.

Unser Hündchen hatte leider immer noch keine sichere Beißhemmung, das merkte die junge Frau auch. „Darf ich ein wenig mit Senta trainieren?", fragte sie, „kommen Sie doch mit zum Strand hinunter und trinken Sie einen Tee mit mir." Sie half mir über den steilen Abhang hinunter zum Strand und ich setzte mich auf ihr Badetuch.

Und dann war ich fassungslos, wie die junge Frau mit Senta umging und zeigte, wie man ihr die Beißhemmung beibringt. Das hatte ich bisher nur gelesen, und gerade gestern hatte ich Kontakt über das Internet mit einer Hundetrainerin aufgenommen, die demnächst mal zu uns nach Fehmarn kommen will. Nun aber hatten wir hier am Strand eine leibhaftige Hundetrainerin getroffen! Sie spielte mit Senta, trainierte verschiedene Befehle und erläuterte mir alles, was sie mit Senta machte. Ich konnte in Ruhe fotografieren, vor allem aber darüber staunen, wie sich Sentas Verhalten veränderte. Sie lief ohne Leine über den Strand, tobte hinter der jungen Frau durchs Wasser, lauschte ihrem leisen Ruf auf weite Entfernung – und gehorchte.

Es war wie im Märchen – ich schaute auf den Strand, den blauen Himmel und das blaue Meer und freute mich. Wieder mal war ein Wunsch in Erfüllung gegangen, ohne dass ich damit gerechnet hatte. Ich wollte eine psychologisch versierte Hundetrainerin kennenlernen, seit ich einige Bücher zum Thema Hundesprache und Kommunikation mit Hunden gelesen habe. Und nun hatte ich einfach eine getroffen, hier am Strand von Gold. Wieder einmal ist es mir passiert, genau den Menschen zu treffen, an den ich gerade gedacht hatte.

Die junge Frau stimmte zu, als ich sagte, ich wolle mit Senta nicht zu einer der üblichen Hundeschulen gehen. Wir unterhielten uns ein wenig und sie erklärte mir einiges, was ich im Alltag schon erprobt hatte, z. B. wie wir es beim Empfang von Besuch halten sollten. Viele Leute kommen nämlich zu uns, begrüßen nicht mich oder meinen Mann, sondern beschäftigen sich nur mit Senta. Und dann wundern sie sich, wenn Senta später meint, das wäre ihr Besuch und fordert, dass sich der Besuch weiter mit ihr beschäftigt.

Unsere Verwandten, die acht Tage lang da waren, hatten schnell gemerkt, wie man am besten mit Senta umgeht: Unsere Schwägerin, die Angst vor dem Beißen hatte, ignorierte Senta einfach. Und Hans Christians Bruder brachte ihr ein Spielzeug und an anderen Tagen ein Stückchen Wurst mit. Er spielte ein wenig mit Senta und ging auch mit ihr spazieren – und dann konnten wir den ganzen Abend in Ruhe kochen und essen, ohne dass wir etwas von Senta gemerkt hätten.

Die Hundetrainerin versprach, bald einmal zu uns zu kommen. Denn Hans Christian traut sich noch nicht so recht mit Senta umzugehen, auch weil sie manchmal vor Freude beißt. Die Welpenzähnchen können sehr scharf sein ... Aber die beiden mögen sich, das merken wir immer wieder, wenn Senta Hans Christian ableckt und ihm ihre dicke Pfote aufs Knie legt, oder wenn sie sich auf der Liege über ihn wirft und ihn ungestüm liebkost.

Die Hundetrainerin lief mit Senta durchs Wasser, sie zeigte ihr, wie man schwimmt, und Senta machte das gleich nach. Ab und zu wurde es Senta zu viel und sie kam im rasenden Tempo mit wehenden Ohren in meine Arme gelaufen – nass und voller Sand. Schließlich lag sie ermattet im Sand und schaute gelassen den drei Männern zu, die ihr Kitesegel vorbereiteten. Keine Kontaktaufnahme, kein Beißen, nichts – ein ganz lieber, zufriedener Hund lag da und betrachtete seine Umwelt.

„Ich gehe jetzt ohne Abschied", sagte die Hundetrainerin, „nehmen Sie Senta an die Leine und gehen Sie einfach weg." Und so geschah es. Ich hatte den liebsten Hund, der ohne zu zögern oder an der Leine zu ziehen mit mir bis zum Auto ging.

Zu Hause konnte ich noch nicht fassen, was geschehen war. Die junge Frau rief an und kündigte ihren nächsten Besuch an. Ich sagte, dass ich immer noch staune, was uns passiert ist. Aber sie meinte nur, wir sollten uns nicht wundern, der liebe Gott führt uns so auf unseren Wegen, wie es gut für uns ist.

Senta lernt ...

Senta wird nun schon 4 1/2 Monate alt – so langsam wird sie richtig groß. Sie wiegt jetzt 23 kg und ich kann sie kaum noch tragen. Und sie lernt jeden Tag dazu.

Sie macht „Sitz", wenn ich auf dem Spaziergang ein Foto machen möchte.

Und sie bleibt jetzt liegen, wenn ich sie fotografieren will – sie ist schon ein richtiges Fotomodell!!

Heute habe ich zum ersten Male, seit Senta bei uns ist, auf unserem Flügel gespielt. Oh, Senta hat gejault in den höchsten Tönen – aber nur beim ersten Musikstück. Beim nächsten Stück leckte sie die Beine vom Klavierhocker ab, und beim übernächsten meine Füße auf den Pedalen – ein Liebesbeweis!

Der Flügel bekam eine ganz neue Bedeutung für Senta – bis jetzt liebte sie es, auf oder direkt neben dem schönen Teppich „unter dem Dach" ihr Geschäft zu machen, wenn Frauchen noch schlief. Aber jetzt – Musik scheint ihr zu gefallen. Wir werden weiter üben.

Herrchen und Frauchen

Noch etwas Wichtiges hat Senta gelernt: Wie man mit Herrchen umgeht! Gaby, die Hundetrainerin vom Strand war ja neulich da und hat Senta klar gemacht, dass es in unserer Familie zwei „Chefs" gibt: Frauchen und Herrchen. Frauchen ist „Chef Nr. 1" – das wusste Senta schon, denn die gibt ihr ja immer etwas zu Fressen und geht mit ihr spazieren. Frauchen redet schon mal ziemlich viel, und da macht Senta nicht alles, was sie will. Aber ab und zu weiß Senta, dass Frauchen es ernst meint.

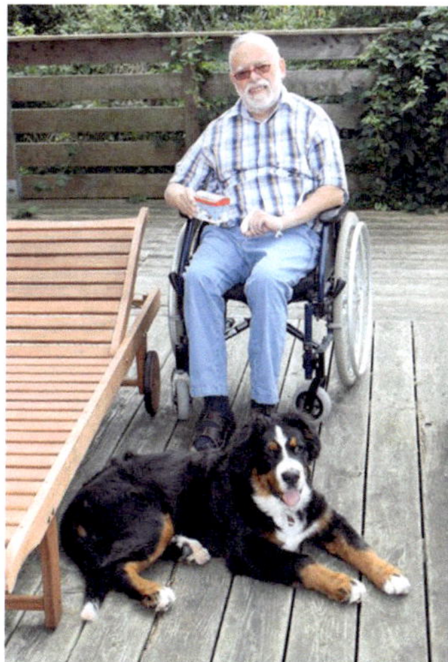

Doch was ist mit Herrchen? Der scheint nicht so wie Frauchen zu sein, er kommt mit dem Lift die Treppe hinunter und fährt im Rollstuhl.

Und Frauchen kümmert sich immer um ihn. Manchmal ist Senta richtig eifersüchtig, dann beißt sie Frauchen in die Hose, damit die mit ihr spielt. Irgendwie hat Senta gemerkt, dass Herrchen krank ist. Gaby hat ihr beigebracht, dass Herrchen der „Chef Nr. 2" ist, und dass Senta auch mit ihm richtig umgehen muss.

Nun zeigt sie ihm dauernd, wie lieb sie ihn hat – sie wirft sich gerne über ihn, ist neulich sogar in sein Bett gesprungen. Am Donnerstag saß er friedlich in seinem Sessel beim Fernsehen. Frauchen war in der Küche, da sprang Senta auf Herrchens Sessel. Er wehrte sie ab und schrie, und schon hatte er eine heftig blutende Verletzung an der linken Hand.

Frauchen war aufgeregt und telefonierte, Herrchen war auch aufgeregt, und Senta natürlich auch. Sie schnappte nach der langen weißen Binde, die Frauchen um Herrchens Finger wickelte, weil kein Arzt kam. Dann kam Michael und hielt Senta fest, während Frauchen und

Herrchen ins Auto einstiegen und wegfuhren. Sie kamen erst nach drei Stunden wieder, Herrchen hatte einen dicken weißen Verband an seiner Hand. Und Senta hatte Angst gehabt, weil die beiden so lange weg waren. Sie leckte Herrchen, der noch mehr Angst hatte und den Arm mit dem weißen Verband schnell wegzog.

Am nächsten Tag kam der nette Doktor, den Senta neulich begeistert begrüßt hatte. Frauchen war da nicht so begeistert gewesen, weil seine ganze weiße Arztkleidung voller Schmutzflecken von Sentas Pfoten war. Heute musste Senta daher in den Garten, als der nette Doktor Herrchen behandelte.

Als der Doktor weg war, fuhr Herrchen mit dem Treppenlift nach oben und legte sich auf die Couch. Senta legte sich neben die Couch, aber Frauchen wurde ganz böse, als Senta mal nach Herrchen schauen wollte. Frauchen stellte die Ankleidebank und einen Tisch neben Herrchens Liege, und Senta lag ganz brav an Frauchens Schreibtisch. Sie machte sogar „Platz", als Frauchen nur „Sitz" meinte. Na ja, da war ja auch der schöne rote Teppich. Dann ging Senta nach unten und schlief ein Stündchen.

Später kam Senta wieder die Treppe hinauf. Herrchen schlief noch und Senta setzte sich einfach vor seine Liege. „Den muss ich wohl beschützen, der hat ja immer noch den weißen Verband", mag sie gedacht haben! Richtig lieb war sie anzusehen – bis Frauchen die „Absperrungen" wegnahm und nach unten ging, weil an der Tür jemand klingelte. Da hat Senta sich wieder um Herrchen „gekümmert" …

Herrchen hat das alles gut überstanden, und Senta schläft jetzt bei Frauchen in der Küche – so kann Herrchen in Ruhe Fernsehen gucken.

Morgen kommt eine Hundetrainerin, die Herrchen und Senta beibringen soll, wie sie am besten miteinander umgehen. Sie hat selber einen Therapiehund. Denn Herrchen braucht schon mal Beistand – und Senta ist eine ganz liebe kleine Hündin, die ihn beschützen wird.

Aber sie muss noch mehr lernen …

Senta lernt weiter

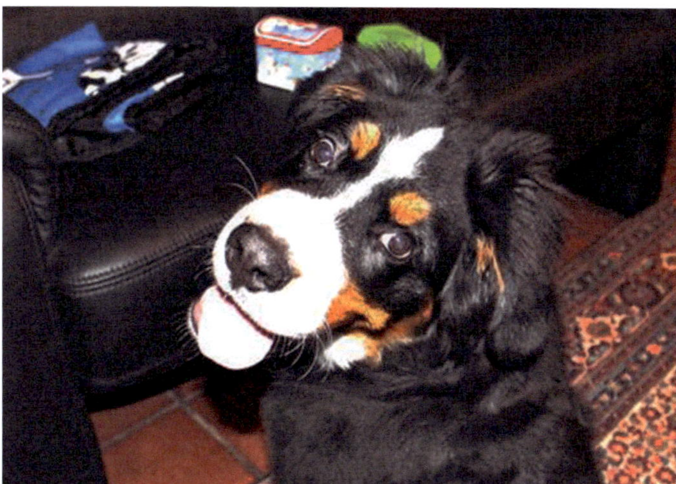

Neulich bekam Senta eine Nachricht über Facebook von Emma, einer Berner Sennen Hündin:

Hallo, ich bin die Emma. Herrchen und Frauchen haben im Internet von dir gelesen. Ich bin schon groß und auch eine Bernersennendame, obwohl ich mich nicht immer wie eine Dame benehme … sagt Frauchen. Solltest du mal Ratschläge brauchen, wie du den ganzen „Erziehungsstress" umgehen kannst, dann wende dich vertrauensvoll an mich. Es ist mir bisher gelungen, meinen eigenen Kopf durchzusetzen … und das ist gut so!!!!
Sei ganz lieb gegrüßt von Emma

Senta war auch schon ganz gut darin, ihren eigenen Kopf durchzusetzen. Außerdem machte sie sich immer mehr an Herrchen heran, der morgens einen neuen Verband bekommen hatte. Danach schnappte Senta am liebsten. Und dann versuchte sie doch tatsächlich, sein Brötchen vom Teller zu stibitzen!! Oh, wie war das Hundeleben schön mit diesem netten Herrchen! Auch Frauchen störte nur wenig.

Senta war daher ganz fröhlich, als es an der Tür klingelte und eine nette junge Dame erschien. Sie führte einen solchen Freudentanz auf, dass jeder gedacht hätte, Senta ist völlig verrückt und unerziehbar. Senta ahnte aber nicht, dass sich ihr Leben in diesem Moment wieder einmal verändern würde. Denn das war Tina, die neue Hundelehrerin. Sie hatte eine ganz besondere Hundeschule, aber wir waren noch nicht dagewesen, weil die ziemlich weit entfernt war.

Als Erstes musste Senta lernen, Respekt und Distanz ihrem Herrchen gegenüber zu zeigen. Das war nicht ganz einfach, aber Tina kannte ein paar Tricks, und mit einem Male klappte es. Senta ließ sogar das Leckerchen auf Herrchens Knie liegen und schnappte es sich erst, als Tina das erlaubte. Senta hatte Spaß an den neuen Übungen, denn es gab auch viele Leckerli.

Und noch etwas gab es: Die neue Zauberdose – das war die „böse Dose“. Die rappelte laut und Senta merkte bald, dass die immer rappelte, wenn sie wieder etwas tat, was Frauchen nicht wollte. Und wenn sie das dann nicht mehr tat und „Platz“ machte, gab es ein tolles Leckerli! Also machte Senta immer öfter „Platz“ und schon konnte sie viele Leckerli fressen ...

Dann kam es noch besser: Tina zauberte eine neue Dose hervor, da durfte Senta sich ein Leckerli herausholen, wenn sie etwas gut gemacht hatte. Frauchen hat heute gleich eine ganz kleine blaue und eine größere grüne Leckerlidose vom Einkaufen mitgebracht, das ist die „gute Dose". Senta war ganz wild darauf, an die Dose zu kommen. Denn Frauchen hatte da richtig tolle Leckerli hinein gelegt. Senta machte schon freiwillig „Platz" – aber leider war die Dose zu.

Oh, und dann hatte Tina noch ein schönes neues Spiel für Senta: „Komm auf deinen Platz" hieß das. Die haben doch tatsächlich Sentas schöne Decken und das Körbchen weggeräumt, nur die tolle Patchworkdecke von Birgit blieb liegen, an Sentas Lieblingsplatz im Wohnzimmer, wo sie abends auch Herrchen in der Küche sehen kann. Frauchen wirft jetzt immer Leckerli auf die Decke und sagt „Komm auf deinen Platz". Na ja, da war es nicht so schlimm, dass es an der Tür klingelte – es kam sowieso nur Tina herein, die war vorher hinaus gegangen ...

Heute hat Frauchen das Spiel weiter gespielt, und Senta hat viele Leckerli gefressen. Als sie die Treppe hinauf laufen wollte, rappelte Frauchen aber wieder mit der bösen Dose. Und wenn Senta das oft genug versucht hatte, blieb sie unten, machte „Platz" und bekam wieder ein Leckerli. Ein schönes neues Leben war das!

Heute haben Herrchen und Frauchen beide mal ferngesehen, endlich saß Frauchen auch auf dem Sofa. Nur wollte sie Senta nicht da haben, da rappelte sie wieder. Also hat Senta es sich auf dem Teppich gemütlich gemacht und auch auf den Fernseher geschaut. Mann, war das aufregend am Schluss, Senta hat ganz laut gebellt und den Fernseher abgeleckt.

Als Herrchen und Frauchen gegessen haben, hat Senta sich zum Schlafen hingelegt. Denn die gute Dose war leer, Frauchen hat sie nicht wieder gefüllt. Plötzlich wurde Senta wach – das war doch die Stimme von Gaby! Herrchen hielt eine schöne Ansichtskarte in der Hand, die Gaby aus Hamburg geschickt hatte. Und dann hat Frauchen einen Film auf dem iPad abgespielt, ganz leise, aber Senta hat sofort Gabys Stimme gehört und rannte zur Terrassentür. Die aber war zu und draußen war es dunkel. Gaby war einfach nicht zu sehen ...

Na, da hat Senta ein wenig mit Frauchen gespielt und auch an Herrchens Rollstuhl geknabbert. Denn wenn sie damit aufhörte und „Platz" machte, gab es ein Leckerli. Senta war ganz munter und Frauchen ging dann mit ihr vor die Tür! Oh, war das schön im Regen, und Sturm

kam auch wieder auf. Senta legte sich gemütlich auf die Auffahrt, aber Frauchen schien das nicht zu gefallen. Sie holte dann die kleine blaue Dose und schon sauste Senta wieder ins Haus. Die neuen Leckerli waren wirklich Spitze!

Nun träumt Senta bunte Hundeträume von Leckerli, der „guten Dose“ und den netten Hundelehrerinnen Gaby und Tina, die jetzt auch ihre Freundinnen sind. Gute Nacht!

Wieder einmal Strandallee – Senta am Südstrand

Dann war es endlich so weit: Ich fuhr mit Senta über die Strandallee zum Südstrand. Darauf hatte ich lange gewartet – ich wünschte mir einfach einen Spaziergang am Strand. Umso mehr, als meine Akkus letzte Woche fast leer waren. Senta aber, unsere jetzt fünf Monate alter Berner Sennenhündin, wollte einfach nicht ins Auto einsteigen.

Wie war ich die matschigen Wege rund ums Dorf satt, die ich nun bei viel Regen und Sturm mehrmals täglich mit Senta gelaufen war. Und gegenüber von unserem Haus ist immer noch eine schöne tiefe Pfütze voller Schlamm, da setzt sie sich mit Begeisterung hinein. Ihr Frauchen muss dann schon einige besonders tolle Leckerli spendieren, damit Senta wieder ins Haus kommt – natürlich ohne die dicken Pfoten abzuputzen.

Vor drei Wochen fuhr Senta noch im Auto mit, da waren wir am Yachthafen Burgtiefe am Südstrand. Aber dann wollte Senta nicht mehr Autofahren. Die letzte Fahrt war zum Tierarzt gegangen, zusammen mit einem ängstlich miauenden kleinen Kater und seinem Frauchen.

Letzte Woche war herrliches Spätsommerwetter, Hans Christian machte seinen Mittagsschlaf und ich sehnte mich nach dem Strand. Als Senta sah, dass ich die Transportbox ins Auto brachte, stemmte sie sich ganz fest gegen den Boden. Gegen ihren Willen kann und will ich sie nicht ins Auto befördern. Nach einer halben Stunde gab ich es auf und fuhr alleine los – zum Einkaufen, denn die freie Zeit war schon um.

Sonntag versuchte ich, sie mit Leckerli zu motivieren, durch die hintere Seitentür ins Auto zu steigen – ohne Transportbox. Ihr lief das Wasser im Munde zusammen, sie beleckte sich, aber sie wich keinen Zentimeter von ihrem Platz. Ich legte mich selbst auf den Rücksitz und schnupperte an den Leckerli – nichts. Erst als Emma, Sentas Freundin von gegenüber, ins Auto sprang, sich das Leckerli schnappte und

wieder hinaus war, machte Senta es nach. Auch sie war dann wieder draußen. Ich kam wieder nicht zum Strand.

Freitag kam dann Gaby, die Hundefreundin vom Strand in Gold. Sie setzte sich in den Kofferraum und schaffte es, Senta dazu zu holen. So fuhren wir zum Naturstrand bei Meeschendorf, und Senta genoss es, im Wasser zu toben. Eine herrlich milde Septembersonne verzauberte die Stimmung am Strand.

Senta war abends so richtig müde.

Samstag dann schaffte ich es, Senta ins Auto zu bewegen. Nein, nicht sofort, zuerst sprang sie hinten wieder hinaus. Dann kam ein junger Mann und half mir, sie ins Auto zu setzen. Sie wiegt nämlich inzwischen 26 kg, das hebe ich nicht mehr so leicht.

Senta war ganz zufrieden, sie lag gemütlich im Kofferraum und ich fuhr mit ihr nach Burg.

Und dann der feierliche Moment - wir bogen in die Strandallee ein. Ich erzählte meinem Hündchen, welche Bedeutung die Strandallee für Frauchen und Herrchen hatte. Senta hörte sich alles an. Dann stiegen wir aus und gingen ein Stückchen über die Südstrandpromenade.

Senta zog an der Leine wie noch nie, sie hörte das Meer rauschen und roch den Strand. Aber hier waren keine Hunde zugelassen. Erst am Ende des bewachten Strandes durfte sie zum Wasser hinunter laufen – zu unserer Überraschung trafen wir Emma und unsere Nachbarn. Und noch viele andere Hunde mit ihren netten Herrchen und Frauchen.

Es war ein wunderschöner Strandspaziergang – so etwas hatte ich schon viele Jahre nicht mehr erlebt. Anfangs war Hans Christian noch mit mir am Wasser entlang gelaufen, aber er wurde dann ja immer langsamer. Bis zu diesem unbewachten Strand waren wir vor mehr als zehn Jahren das letzte Mal gelaufen. Dann kam die Zeit, als ich ihn nicht lange alleine lassen konnte – wieder keine ausgedehnten Strandspaziergänge.

Dann der Umzug nach Fehmarn und der harte Winter. Im März ging ich einmal an den Strand, um meine Akkus aufzuladen. Aber langes Laufen war da nicht angesagt. Wie hatte ich mich darauf gefreut, mit Senta die Strände Fehmarns zu entdecken. In der Hauptsaison war das ein wenig beschwerlich, weil Senta noch so klein war und an der Leine gehen musste.

Nun aber waren wir über die Strandallee endlich zusammen zum Südstrand gefahren. Ich bin so glücklich, weil Senta das Meer und den Strand genauso liebt wie ich.

Wie ich zum Berner Sennenhund kam

Einige Wochen nach unserem Umzug in das Haus sah ich in der Zeitung eine Annonce des Tierheims, aber der angebotene Hund suchte eine sportliche Familie und kam somit nicht für uns in Frage. Bei einem Anruf dort erfuhr ich, dass es eine ältere, ruhige Hündin zu vermitteln gab – aber die gefiel uns rein optisch nicht. Bei meinem neuen Steuerberater hatte ich einen weißen Schäferhund erlebt, der ganz ruhig unter dem Besprechungstisch lag. So einen ruhigen Hund wollte ich auch haben. Der Steuerberater erzählte mir, dass er den Hund im Internet gekauft hatte. Das war für mich etwas völlig Neues.

Als unerfahrene Hundehalterin hatte ich, als Senta schon bei uns war, eine Berner Sennengruppe auf Facebook gegründet, wo wir uns über viele Themen austauschten. Eines Tages war eine heftige Diskussion darüber entstanden, ob man einen Hund mit oder ohne Papiere zu sich nehmen sollte und wie man seriöse Züchter erkennt.

Ich hatte unsere Senta auf eine Zeitungsannonce hin in Zarpen bei Lübeck gekauft. Dort lebte ein Berner Pärchen – Mama Susi und Papa Baxter – mit älterer Tochter und sieben Welpen auf einem Bauernhof. Senta hatte zwar keine Papiere, aber ich lernte beide Eltern kennen und war begeistert von der Hundefamilie. Die Züchter hatten keine Website und waren in keinem Verein. Aber ich bekam einen reinrassigen, gesunden Hund, der schon gut erzogen war, als er zu uns kam. Vor allem waren die Welpen dort mit viel Liebe großgezogen worden.

Als ich unsere Senta zum ersten Mal sah, habe mich sofort in sie verliebt. Es gab nur zwei Hündinnen in dem Wurf, und eine Kleine war mir sofort auf den Schoß gekrabbelt – ich saß in der Diele neben der Wurfkiste auf dem Boden. Senta aber hatte mir den Rücken zugekehrt und so getan, als interessierte ich sie nicht. Das gefiel mir auf Anhieb, weil sie mit ihren vier Wochen schon so selbstbewusst war – ich kam gerade, als es bei Mama Susi was zu futtern gab. Das war ihr wichtiger als ich. Und das gefiel mir, auch später noch. Ich zahlte eine Anzahlung von 40 Euro und den Rest des Kaufpreises von 400 Euro, als ich Senta zu uns nach Hause holte.

Senta vier Wochen alt

Sentas erster Tag bei uns

In der Gruppe schrieb ich: Ist jemand ein besserer „Züchter“, nur weil seine Hündin Papiere hat und er Mitglied in einem Verband ist? Wir waren ja zum ersten Male Hundebesitzer und hatten erlebt, wie unerfahrene Menschen von Züchtern behandelt werden können. Diese „Züchter“ hatten die Auszeichnung „anerkannte Zuchtstätte“ auf ihrer Website. Sie hatten ein Jahr später noch einmal einen großen Wurf für viel Geld verkauft. Und als ich nachschauen wollte, stellte ich fest, dass die gesamte Website nicht mehr existierte! Macht das ein „anerkannter Züchter“? Ich hatte mir ein großes Anwesen vorgestellt, aber ich kam auf die Terrasse einer Doppelhaushälfte, wo die Welpen herumwuselten. Die Elterntiere bekam ich nie zu sehen – die Mama lag irgendwo im Haus und war auswärts von einem Rüden gedeckt worden.

Und dann fasste ich Mut und erzählte die folgende Geschichte:

„Wo ist denn der kleine Hund?“, fragte unsere Putzhilfe bei der Verabschiedung. Beim letzten Male hatte sie mit Freude das Foto des kleinen Berner Sennen Welpen angesehen, das wir vor sieben Wochen im Internet gefunden hatten. Candy, der kleine Hund, war nicht mehr bei uns, aber er hatte sich einen festen Platz in unserem Herzen erobert.

Am 4. April hatten wir eine Ebay Kleinanzeige gefunden, auf der acht süße Berner Sennen Welpen in der Nähe von Fehmarn angeboten wurden. Ja, wir suchten einen Hund, denn mein Mann war krank, an den Rollstuhl gebunden, voller Ängste und hilflos, wenn sonst niemand da war. Ein Hund wäre da sicher eine gute Therapie, dachten wir. Es müsste natürlich die richtige Rasse sein. Wir hatten die Annoncen im Internet angeschaut und die kleinen Berner Sennen sprachen uns so an, dass ich die Anzeige der Züchter ausdruckte.

Am nächsten Tag war das Gefühl immer noch so stark. Ich wählte die angegebene Telefonnummer, sprach mit der Züchterin und erfuhr, dass diese Rasse genau richtig für uns sein würde. Es wäre doch viel besser, einen Welpen zu erziehen als einen älteren Hund aus dem Tierheim zu holen, meinte sie. Das würden wir bestimmt schaffen, auch wenn wir noch nie einen Hund gehabt hätten.

Auch eine gute Freundin mit viel Hundeerfahrung machte uns Mut. „Mach dir keine Gedanken, das klappt schon", schrieb sie. Unsere Nachbarn reagierten ganz begeistert, sie hatten immer schon Hunde gehabt und versprachen, dass sie auch mal auf das Hündchen aufpassen würden. Es sollte ja auch eine Freundin für ihre eigene Hündin werden. Meine Nachbarin brachte mir ein Hundebuch und riet mir, alles locker anzugehen. „Eine Hündin kann auch eine gute Freundin sein", meinte sie, und sie würde jederzeit helfen.

Zwei Tage später fuhr ich allein zu den Züchtern, da schon fast alle Welpen verkauft waren. Mein Mann und ich hatten uns nach den Fotos für Cosima entschieden. Aber die bekamen wir nicht. Die Züchterin setzte mir einfach den letzten Welpen auf meinen Schoß und ihr Mann machte ein Foto von uns, das er mir dann zuschickte.

Als ich Candy auf dem Schoß hatte, war die Entscheidung für den Hundekauf schon in meinem Herzen gefallen. Wie sonst wäre es zu erklären, dass ich, die erfahren in Geschäften ist, zusagte, den Hund für rund 1.000 Euro zu kaufen? Obwohl keinerlei Kaufvertrag vorlag und die Züchter verlangten, sofort einen größeren Betrag anzuzahlen und die Restsumme noch vor der Übergabe des Hundes zu überweisen. Direkt am nächsten Tag überwies ich die Anzahlung. Erst ein paar Tage später wurde mir klar, dass ich keinerlei Sicherheit hatte.

Die Züchterin schickte mir eine Liste all der Gegenstände, die ich vor Ankunft des Hundes kaufen musste. Ein recht teures Futter war dabei, wozu mir die Verkäuferin im Tiergeschäft sagte, dass ein anderes besser geeignet für diese Rasse sei. Die Vehemenz, mit der die Züchterin auf dem von ihr genannten Futter bestand, hätte mich eigentlich stutzig machen müssen – es „klingelte" erst bei mir, als ich das Werbepäckchen der Futtermittelfirma und die entsprechende Werbung bekam.

Die Nachricht von unserem „Hündchen" machte in unserem Bekanntenkreis die Runde und so bekamen wir sehr vielfältige Ratschläge, Tipps, Vorschriften und Anweisungen – waren wir doch unerfahren als Hundehalter und dementsprechend verunsichert. Die Züchterin meinte, sie würden eine „Patenschaft" übernehmen, wir wohnten ja in der Nähe. Ihr Mann hätte gesagt: „Die Frau schafft das, die hat schon ganz andere Dinge geschafft."

Trotzdem hatte ich ein paar schlaflose Nächte und hätte den Hundekauf am liebsten wieder rückgängig gemacht. Ich hatte ganz erhebliche Bedenken. Es gelang mir nicht, auf die Schnelle einen Zaun setzen zu lassen, zumal wir noch gar keinen Gärtner hatten. Und wir hatten kaum Zeit, uns über Bücher oder das Internet auf den Hund vorzubereiten. Wie würde es in unserer Ferienwohnung werden, oder wenn wir demnächst zum Konzert nach Hamburg führen? Würden wir den Welpen richtig erziehen können? Was müsste ich noch alles vorbereiten? Denn 13 Tage nach meinem ersten und einzigen Besuch bei den Züchtern brachten sie uns den Hund schon nach Hause.

Am Karfreitag, als Candy zu uns kam, war ordentlich Trubel. Die Nachbarn freuten sich und kamen, um das Hündchen zu begrüßen. Auch Emma, der Hund unserer Nachbarn, freute sich über die kleine Spielkameradin. Die aber hatte als Erstes die frisch gepflanzten Stiefmütterchen aus der Erde gezogen.

Mein Mann traute sich am ersten Abend nicht, den Fernseher anzuschalten. Candy probierte alle Ecken unseres Wohnzimmers aus und fand schließlich einen Schlafplatz. Das hübsche Hundebett, das ich ihr gekauft hatte, nahm sie erst in den nächsten Tagen an, genau wie all das Spielzeug, das ich auf Geheiß der Züchterin besorgt hatte. Ich hatte in vielen Geschäften nach Stofftieren ohne Knopfaugen gesucht und schließlich einen kleinen Delfin, eine Krabbe und einen Seestern für Candy gekauft. Der Seestern wurde für sie zum Symbol für das Schlafengehen. Mit dem Seestern legte sie sich gemütlich in ihr Hundebett, meist aber nur für ein paar Minuten.

Am zweiten oder dritten Tag bemerkte Candy, dass ich über die Treppe nach oben verschwand, wenn sie mit ihrem Seestern im Bettchen lag. Und irgendwann versuchte sie, die erste Stufe zu erklimmen – obwohl ich immer ganz klar NEIN sagte, wenn sie auf die Treppe wollte. Dann kam unsere Therapeutin, die selbst früher einen Berner Sennenhund gehabt hatte. Sie hatte Candy sofort in ihr Herz geschlossen und der kleine Hund schaute nun noch trauriger, wenn wir die Treppe hinaufgingen: Herrchen auf dem Treppenlift, Frauchen hinterher, und dann noch die nette Therapeutin, ihre neue Freundin. Bald probierte Candy, zwei oder drei Stufen zu erklimmen. Ich hatte immer die Worte der Züchterin im Kopf, die klar gesagt hatte, dass der Hund auf keinen Fall Treppen steigen durfte, das sei schädlich für die Knochen und Gelenke. Das war nur eine von vielen Vorschriften, die sie mir mit auf den Weg gegeben hatte.

Die Züchterin rief täglich an, sie wollte genau wissen, wie es mit Candy bei uns lief und ob sie schon stubenrein war. In einem Telefongespräch nach rund einer Woche erzählte ich voller Freude über unsere Erlebnisse mit dem jungen Hund. Die Züchterin schien etwas ungeduldig, immer wieder sagte sie, wir könnten den Hund ja auf jeden Fall zurückgeben. Das lag uns aber ganz fern, warum sollten wir?

Danach rief ich nur noch einmal bei den Züchtern an, weil es mir ein wenig unheimlich war, dass Candy manchmal heftig zugebissen hatte. Einige Kleidungsstücke waren schon defekt in den Müll gewandert, die Zeitschriften im Wohnzimmer waren zerkleinert und meine Haut hatte schon einige Verletzungen.

Candy schlief viel, vor allem am Nachmittag. Sie blieb auch einige Stunden alleine, wenn mein Mann im ersten Stock schlief. Nur als wir einmal zu zweit das Haus verließen, war sie sehr traurig. Umso mehr freute sie sich, wenn ich wiederkam. Vor allem, wenn ich vom

Einkaufen kam, fand sie es sehr spannend, was alles aus den Taschen herauskam. Ein Leckerbissen für Candy war natürlich immer dabei ...

Am Sonntag nach Ostern fuhr ich mit Candy an den Südstrand, zuerst war es etwas schwierig, sie in den Kofferraum des Autos zu setzen. Aber während der Fahrt hörte sie klassische Musik aus dem Autoradio und war ganz zufrieden. Unsere Ferienwohnung schien ihr zu gefallen, die roch so lecker nach Herrchen und Frauchen. Und dann die große Spielwiese vor dem Haus ... An den nächsten Tagen kam Candy immer wieder mit ans Auto und wollte gerne wieder in den Kofferraum, sie erwartete einen neuen spannenden Ausflug.

Später schrieb ich in der Gruppe, die übrigens sehr verständnisvoll auf meine Geschichte reagiert hatte: Ich weiß gar nicht, ob die Züchter „schwarze Schafe" waren oder einfach nur wenig professionell. Wir hatten ja bis dahin überhaupt keine Ahnung von Hundezüchtern und Berner Sennenhunden. Ich weiß nur, dass ich keinen Welpen aussuchen durfte, sie haben Candy gleich auf meinen Schoß gesetzt und ein Foto von uns gemacht. Wer kann so einem Hündchen widerstehen – ich nicht. Ich hatte vollkommen „den Kopf verloren", die hohe Anzahlung ohne Vertrag und Rechnung überwiesen.

Die Züchter hatten gesagt, wir brauchten keinen Zaun, ein Berner Sennenhund läuft nicht weg. Aber unser Grundstück grenzte an weite Felder und die Dorfstraße – ich habe stundenlang im Garten gestanden mit dem Welpen an der Leine. Vor allem am frühen Morgen um 5 Uhr wollte Candy gerne nach draußen – sie lag dann stillvergnügt im Gras und schaute sich um.

Strenge Vorschriften bekamen wir auch, so musste das Futter pünktlich um 12 Uhr gegeben und mit der Briefwaage abgewogen werden. Die Züchterin rief dauernd an. Ich erzählte stolz von kleinen Erfolgen und jedes Mal meinte sie, wir könnten den Hund jederzeit zurückgeben. Das habe ich dann nach einer schlaflosen Nacht – völlig entnervt und am Ende meiner Kräfte – nach 17 Tagen getan. Mein Mann war pflegebedürftig, der Hund sprang von unter dem Tisch immer auf seinen Rollstuhl – später erfuhr ich, dass er es wohl von seinem Zuhause so kannte, da gab es eine alte Frau im Rollstuhl.

Mein Mann und ich haben dann richtig getrauert um den kleinen Hund, und ich rief bei den Züchtern an, ob wir Candy zurückbekommen könnten. Die Züchterin sagte, dass ich völlig ungeeignet zur Hundehaltung sei, wenn mein Mann mal nicht mehr leben würde, könnte ich mir ja ein Schoßhündchen anschaffen.

Wir bekamen schließlich zwei Drittel des Kaufpreises zurück, und später holte ich auch all das Zubehör, dass ich an dem dramatischen Morgen, an dem mir meine Nerven durchgegangen waren, mitgegeben hatte. Ich erinnere mich immer noch mit Schrecken an den Mann mit schwarzen Handschuhen, den die Züchterin mitgebracht hatte. Er packte die kleine Candy – wie mir schien recht brutal – und sperrte sie in eine Box. Erst später erfuhr ich, dass sie den Hund nicht weiter verkaufen, sondern mit ihm auf Ausstellungen gehen und weiter züchten wollten.

Kurz danach war mein Geburtstag und viele Freunde hatten Karten mit Berner Sennenhunden und lustigen Hundesprüchen geschickt. Jemand hatte mir das Wörterbuch Hund-Deutsch/Deutsch-Hund von Martin Rütter geschenkt, in dem wir gleich lasen – mitten in der Nacht, beim Hineinfeiern in meinen 59. Geburtstag.

Ich hatte Tränen in den Augen – vor Rührung und auch vor Lachen. Ich sagte zu meinem Mann: So verkehrt haben wir das gar nicht gemacht mit Candy, wir haben nur die Hundesprache nicht verstanden!

Und ich versprach ihm, dass wir wieder eine Berner Sennenhündin bekommen würden, die genauso schön wie Candy wäre. Senta war zu diesem Zeitpunkt bereits geboren (der Welpe mit dem gelben Halsband).

Später habe ich mit anderen Züchtern und Hundehaltern gesprochen, mir selbst mein Urteil gebildet und ganz viel gelesen. Denn wir wollten unbedingt wieder einen Berner Sennenhund haben und es dann besser machen. Und das hat geklappt, am 2. Juli 2011 kam Senta im Alter von 8 Wochen zu uns. Wir hatten vorher einen Zaun gebaut. Von Anfang an kümmerte sie sich liebevoll um meinen Mann, der im Rollstuhl saß. Doch dazu später.

Ihren Namen bekam Senta übrigens von uns – das durfte ich bei den „Züchtern" des anderen Hundes auch nicht. Der hieß „Candy vom Grömitzer Strand" (Name erfunden, aber adlig war er), der durfte doch nicht Candy Forsbach heißen ... Mein Mann und ich hatten einen ganzen Abend lang über den Namen diskutiert – schließlich möchte man ja nicht, dass der Hund wie eine nahe Verwandte heißt. Senta bekam ihren Namen dann nach unserer Lieblingsschauspielerin Senta Berger, die wir schon persönlich kennengelernt hatten.

Ja, Züchter ist nicht gleich Züchter, das habe ich dann später auch erkannt, als ich im Internet recherchierte und verschiedene Berner-Sennen-Züchter anrief. Und ich würde jedem raten, sich erst mal ausführlich zu informieren, bevor er einen Hundewelpen anschafft, egal ob mit oder ohne Papiere.

Und noch etwas: Manchmal werden Menschen böse angesehen, wenn sie einen Welpen nach drei Wochen zurückgeben. Ich habe Verständnis dafür, dass jemand an seine Grenzen stößt und sich dann lieber rechtzeitig trennt. Mein Mann und ich waren bestimmt keine „Unmenschen", so sehr, wie wir um Candy getrauert hatten. So konnten wir dann schließlich mit Senta glücklich werden.

Nachtrag

Einige Jahre später, Senta war bereits 5 Jahre alt und hatte inzwischen gelernt, im Auto mitzufahren und mit in Cafés und Restaurants zu gehen. Ich hatte meine Cousine an ihrem Geburtstag eingeladen, und so waren wir mit Senta zum Kaffeetrinken im Café Jedermann in Burg.

Ein Ehepaar kam vorbei und sprach mich auf Senta an, die ganz brav neben dem Tisch lag. Sie hätten einen 4-jährigen Berner Sennenhund, sagten sie, aber der müsse im Auto bleiben, den könnten sie nirgendwo mit hin nehmen. Und sie fragten, ob Senta von einem Züchter aus der näheren Umgebung stammte.

Ich erzählte ihnen, dass Senta auf einem Bauernhof in Zarpen bei Lübeck geboren war und fragte die Leute nach dem Züchter ihres Berner Sennenhundes. Der Hund stammte aus dem letzten Wurf der Züchter „vom Grömitzer Strand". Und sie erzählten mir von ihrem Welpenkauf auf der Terrasse der Doppelhaushälfte, und dass die Züchter die Homepage kurz nach dem Verkauf der letzten Welpen aus dem Netz genommen hätten. Ein wenig neidisch blickten sie noch auf meine Senta und verabschiedeten sich dann.

Wir aber fuhren zum Strand, erlebten einen schönen Sonnenuntergang und gingen dann mit Senta zum Abendessen in ein Restaurant.

Senta und Herrchen – Liebe auf den ersten Blick

Mein Mann Hans Christian wollte schon immer einen Hund haben. Als wir dann das Haus mit Garten auf Fehmarn gekauft hatten versprach ich ihm, dass wir auch ein „Hündchen“ anschaffen würden.

Senta wurde für Hans Christian und mich ein Symbol der Hoffnung und der Liebe, aber auch der Beweis, dass man niemals aufgeben soll: Nach dem missglückten Versuch mit dem ersten Hündchen hatten wir nun eine riesengroße Freude mit Senta, mit der es vom ersten Tag an ganz anders war – nicht nur, aber auch wegen es Wörterbuches Hund-Deutsch/Deutsch-Hund, das mir eine liebe Freundin zum 59. Geburtstag geschenkt hatte.

Und Senta war immer an seiner Seite: An seinem Sessel, an seiner Liege, am Bett, am Esstisch und auch auf der Terrasse. Nur schade, dass im Strandkorb nicht genug Platz für uns drei war!

Als Senta 11 Wochen alt war, fuhren wir zum ersten Mal mit ihr in die Inselhauptstadt Burg. Wir wollten uns dort zum Klönschnack im Café Jedermann treffen, mit zwei Freundinnen aus dem Seniorentreff.

Hans Christian musste aber zuerst zum Zahnarzt, danach wollten wir zum Friseur und als „Belohnung" dann ins Café. Aber wie sollte das gehen mit dem Hündchen? „Wir passen einfach auf Senta auf, wenn ihr zum Zahnarzt geht", sagte die eine Freundin, „und dann holen wir euch beim Friseur ab."

Ich hatte Bedenken, denn Senta war ja noch nie in der Stadt gewesen. Sie lief noch nicht so perfekt an der Leine, wie die Menschen das gerne hätten. Aber die andere Freundin meinte: „Traust du uns das etwa nicht zu? Ich hatte doch auch mal einen Hund!"

Also packte ich eine Tüte mit Leckerli, eine Flasche Wasser und ein Drecksäckchen zusammen und Senta kam mit in die Stadt. Das 10 kg schwere Hündchen müssten die Freundinnen dann einfach mal über die Straße tragen.

Sie kamen wirklich mit der kleinen Senta zum Friseur, und dann zogen wir ins Café Jedermann: Die eine Freundin schob Hans Christians Rollstuhl, die andere ging an ihrem Rollator, und ich voran mit Senta auf dem Arm.

Das wäre eine gute Werbung für den Seniorentreff gewesen! Nein, nicht wegen Rollstuhl und Rollator. Sondern wegen dem Mut, den diese kleine Prozession ausstrahlte: Wir geben nicht auf, es gibt immer wieder neue Möglichkeiten, die das Leben lebenswert machen.

Nach diesem ersten gemeinsamen Ausflug konnten wir uns ein Leben ohne Senta gar nicht mehr vorstellen. Sie war einfach bezaubernd und ganz lieb. Hans Christian hatte sie schon in sein Herz geschlossen, auch wenn sie ihm beim Frühstück oft sein Brötchen mit Camembert aus der Hand „klaute".

Senta hatte bald gelernt, dass ich „Chef Nr. 1" war, denn von mir bekam sie etwas zu fressen und wir gingen oft miteinander spazieren. Herrchen aber war „Chef Nr. 2", den sie beschützen musste.

So lag sie oft oben an der Treppe, wenn ich nicht da war.

Oder dort, wo sie Hans Christians Liege genau im Blick hatte.

Das war gut für meinen Mann, denn er hatte ja immer viel Angst gehabt und sich auch deshalb einen großen Hund gewünscht. Und ich konnte beruhigt zum Einkaufen fahren, denn Senta blieb ja immer bei meinem Mann.

Später habe ich manchmal gedacht, dass das der Grund dafür war, dass Senta bald nicht mehr im Auto mitfahren wollte. So fuhr ich alleine los und Senta blieb zu Hause und passte auf ihr Herrchen auf.

Gerne sprang sie auch in sein Bett, wenn ich nicht aufpasste.

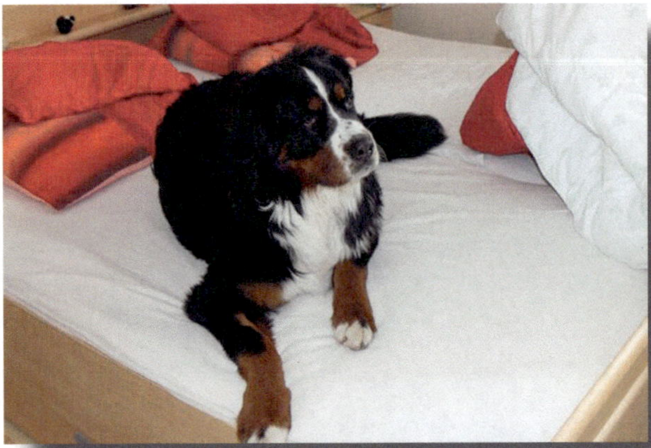

Wenn wir mit dem Rollstuhl unterwegs waren, lief sie perfekt an der Leine. Und wenn ich sie frei laufen ließ, lief sie immer nur ein kleines Stück voraus und blickte sich dann um, ob Herrchen hinterher kam. Ich hatte vor, ihr für den nächsten Sommer, wenn sie drei Jahre als sein würde, ein passendes Geschirr zu kaufen, um den Rollstuhl zu ziehen. Aber leider hatte uns ihr Herrchen inzwischen verlassen …

Ferien am Südstrand

Im Herbst 2011 machten wir ein Wochenende Ferien in unserer kleinen Strandwohnung. Senta legte sich brav in die Miniküche und auf den kleinen Balkon, sie ging mit uns an der Leine über die Strandpromenade bis zu dem Restaurantgarten, in dem wir uns mit Freunden verabredet hatten. Am Morgen weckte sie mich sehr früh, ich zog mich schnell an und ging mit ihr hinaus zum Gassigehen.

Auch wenn die Anreise nur 10 km betrug, merkten wir doch, dass der Erholungswert an diesem Wochenende nicht so groß war, als wenn wir zu Hause geblieben wären. Dort konnte Senta früh morgens in den Garten gehen, und wir mussten sie auch nicht immer an der Leine halten. Fortan stand unsere Strandwohnung dann also leer.

Cafébesuch

In der Adventszeit wollte ich wieder mit meinem Mann zum Friseur fahren. Ich parkte und ging mit Hund und Mann im Rollstuhl in das Kaufhaus, wo im 1. Stock der Friseursalon war.

Erst als wir durch die Schuhabteilung Richtung Aufzug gingen, wurde es mir siedendheiß: Denn zu Hause stibitzte Senta ihrem Herrchen immer wieder die rechte Birkenstock-Pantolette – ich bestellte regelmäßig die Schuhe im Internet nach.

Aber oh Wunder: Senta ging mit mir am Rollstuhl durch die Schuhabteilung, ohne nach rechts und links zu sehen. Beim Friseur freuten sich die Damen dann über Sentas Besuch.

Ja, und dann wollten wir „zur Belohnung" wieder ins Café Jedermann gehen. Das betraten wir immer durch den hinteren Eingang, wo es keine Stufen gab. Oh, dachte ich, das Café war fast bis auf den letzten Platz besetzt.

Ich sah den letzten freien Tisch ganz am anderen Ende des Cafés, ging erst mit Senta dorthin und holte dann meinen Mann im Rollstuhl. Kaum zu glauben, wie toll sich unser Hündchen dort benommen hat!

Welpentreffen

Im Juni 2012 wollten wir dann zu einem Welpentreffen nach Zarpen fahren. Alle Geschwister würden dort sein und so freuten wir uns auf diesen gemeinsamen Ausflug.

Zu dieser Zeit stieg Senta schon nicht mehr freiwillig ins Auto ein. Als ich meine Nachbarn bat, mir zu helfen, erfuhr ich, dass die an diesem Nachmittag nicht zu Hause wären.

Also setzte ich zuerst meinen Mann ins Auto, verlud den Rollstuhl, und holte dann Senta aus dem Haus. Wie durch ein Wunder sprang sie freiwillig auf die Rückbank des Autos. Denn mein Mann saß ja schon drin, und den wollte sie offensichtlich beschützen.

Wenn ich später mit Besuchern und Senta im Auto fuhr, mussten die sich auch immer zuerst auf den Beifahrersitz setzen, damit Senta mitkam. Es war nicht möglich, dass der Besucher im eigenen Auto hinterher fuhr. Dann stieg Senta einfach nicht ein.

Beim Welpentreffen spielte Senta nicht mit ihren Brüdern, sondern behielt die ganze Zeit ihr Herrchen im Auge. Der aber wurde schon bewacht von Mama Susi, die sich neben seinen Rollstuhl gesetzt hatte.

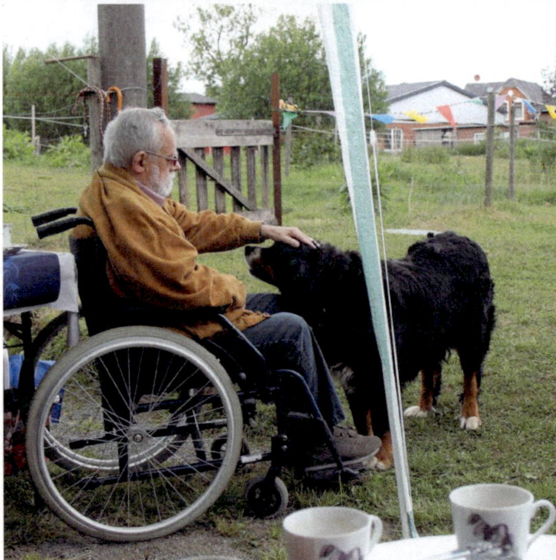

Diese Fahrt nach Zarpen bei Lübeck war unsere letzte gemeinsame Reise mit dem Auto. Im nächsten Jahr war mein Mann schon sehr krank, der Friseur kam zu uns nach Hause, so dass dann auch die schönen Cafébesuche zu Ende waren.

Und als er gestorben war, wollte Senta nicht mehr in das Auto einsteigen. Später habe ich mir das zu erklären versucht, dass im Auto vielleicht noch der Geruch meines Mannes für Senta zu spüren war und sie deshalb nicht mehr damit fahren mochte.

Unsere letzte gemeinsame Stunde

Von unserem letzten Beisammensein an einem Samstag gibt es leider kein Foto. Die Pflegerin, die dabei war, meinte später, sie hätte uns gerne fotografiert, wie wir drei einträchtig vor dem Flügel saßen: mein Mann im Rollstuhl, ich daneben, Hand in Hand mit ihm, und Senta neben uns auf dem Sofa. Wir warteten auf den Krankenwagen, denn mein Mann sollte zur Untersuchung in die Klinik. Die Pflegerin meinte später, das hätte ja so ausgesehen, als wäre es das letzte Foto.

Ich hatte Senta irgendwann in die Küche geschickt, weil ich befürchtete, dass sie sehr aufgeregt wäre, wenn die Pfleger meinen Mann in den Krankenwagen schoben. Das hat mir später sehr leid getan, genauso, wie ich immer wieder bereut habe, dass ich nicht mehr mein Lieblingsstück von Schubert auf unserem schönen Flügel gespielt habe.

In der Klinik erfuhr ich nach der Aufnahmeuntersuchung, dass mein Mann sofort auf die Intensivstation müsste. Am Sonntag sagte man mir, dass er jeden Moment sterben könnte.

In der nächsten Nacht war ich in Gedanken noch einmal mit ihm in Armentarola, wo wir so viele glückliche Tage erlebt hatten. Ich las unserer Senta die schönen Geschichten aus meinem Armentarola-Buch vor. Immer wieder schickte ich ihm eine Nachricht durchs Universum, noch ein wenig durchzuhalten.

Ich wollte doch so gerne noch einmal mit ihm und Senta – mit meiner kleinen Familie – nach Armentarola reisen. Ich hatte die Reise schon geplant, von Fehmarn aus, mit zwei Zwischenstopps in Hotels, die behindertengerecht waren und große Hunde akzeptierten. In allen Einzelheiten hatte ich überlegt, wie ich zuerst ihn und dann Senta ins Hotel bringen würde.

Leider starb er am Montagabend. Er und Senta haben sich nicht mehr gesehen – aber ihre große Liebe hörte niemals auf.

Senta komm – über (k)eine Erziehung

In dem kleinen Dorf auf der Insel Fehmarn, wo wir damals lebten, gab es Nachbarn unterschiedlichster Couleur. Die meisten hatten eigene Hunde, und auch Verständnis, dass Senta als junge Hündin manchen Blödsinn im Kopf hatte. Aber die, die keine Hunde hatten, denen ging man besser aus dem Weg.

Im ersten Sommer, als Senta bei uns war, ging ich mit ihr oft über einen kleinen Feldweg rund ums Dorf, vorbei am Haus vom Kantor und seiner Frau, Menschen, die keine Hunde hatten und auch keine mochten. Auf einer eingezäunten Wiese weideten drei Schafe, und auch einige Hühner waren dort zu sehen – aber der eigentliche Garten rund ums Haus war nicht eingezäunt.

In diesem Sommer regnete es fast ununterbrochen, und ich machte mit der kleinen Senta viele kleinere Spaziergänge, auch über diesen Feldweg, wo man an manchen Tagen fast im Schlamm versank. Natürlich behielt ich Senta immer an der Leine, solange wir an dem Garten vorbeigingen, erst auf Höhe der drei Schafe löste ich die Leine und sie durfte frei neben mir herlaufen. Es war mir zwar aufgefallen, dass sie hin und wieder in den Garten schaute, aber ich dachte mir, dass sich da vielleicht ein paar Hühner verirrt hatten.

Auf der anderen Seite des Weges war ein Bauernhof, und die Bewohner mochten auch keine Hunde. Da Senta immer wieder mal auf den Bauernhof lief, vermied ich es bald, weiter über diesen matschigen Weg zu gehen.

Senta im fremden Garten

Irgendwann dann im Herbst geschah es – Senta war inzwischen in der Pubertät und Worte wie „Senta komm“ waren Fremdworte für sie, jedenfalls reagierte sie überhaupt nicht mehr darauf. Es schien, als hätte sie alles vergessen, was ich ihr in der Welpenzeit beigebracht hatte. Ich ging mit ihr auf unsere Abendrunde und passte eine Sekunde lang nicht auf, als ich die Haustür abschloss. Jedenfalls war Senta weg. Oh, dachte ich, die wird doch wohl nicht zu dem Grundstück des Kantors gelaufen sein. Dort war ich schon wochenlang nicht mehr gewesen, noch nicht einmal in der Nähe.

Als ich näherkam, sah ich durch die Büsche meine Senta, die aufgeregt mit ihrem hübschen Schweif wedelte und aufrecht stand – mitten in dem Garten, vor einem Käfig. Später erfuhr ich, dass der Kantor dort wohl Wachteln züchtete. Jedenfalls hatte Senta offenbar große Freude an den flatternden Vögeln, je mehr sie hochsprang, desto lebhafter wurde es im Käfig.

Oh je, mein Ruf „Senta komm“ funktionierte überhaupt nicht, weil sie so abgelenkt war und nur auf die flatternden Vögel schaute. Mir blieb nichts anderes übrig, als den fremden Garten zu betreten und zu versuchen, Senta wieder einzufangen. In diesem Moment sah ich im Halbdunkel eine Person, fast wie eine Statue stand sie dort und sagte nichts: die Frau des Kantors. Oh, wie war mir das peinlich. Ich entschuldigte mich, aber sie antwortete nicht.

Am nächsten Morgen rief ich den Kantor an, um mich nochmals zu entschuldigen. Ich sagte dann auch, dass es doch gut wäre, wenn sie ihren Garten einzäunen würden. Er aber meinte, das täten sie nicht, die Hundehalter wären nun mal verantwortlich dafür, dass ihre Hunde keine fremden Grundstücke betreten würden. Als ich kurz die Probleme einer Junghündin während der Pubertät ansprach, meinte er nur: Genau deshalb hätten sie keine Hunde, die wären einfach wild und unerziehbar.

Der Bauer in unserem Garten

Nie mehr wieder bin ich in die Nähe dieses Hauses gegangen. Bis zu dem Tag nach der Beerdigung meines Mannes, gut zwei Jahre später. Ein anderer Nachbar von dem Bauernhof gegenüber diesem Grundstück hatte kurz vor der Beerdigung unseren Garten über den Zaun betreten und mit großen Schritten ausgemessen. Ich öffnete die Terrassentür und fragte ihn, was er dort wollte. Er sagte, er wolle den

Beileidsbrief bringen, da sie verhindert seien, zum Beerdigungsgottesdienst zu kommen. Fast sprachlos nahm ich den Brief entgegen und bat ihn, beim nächsten Mal doch an der Haustür zu klingeln.

Am nächsten Morgen lief Senta plötzlich weg, wieder, als wir gerade das Haus verlassen wollten. Es gab dann immer einen ganz kurzen Moment, wo ich mich aufs Abschließen der Haustür statt auf die Hundeleine konzentrierte. Senta lief schnüffelnd die kleine Dorfstraße entlang – sie verfolgte die Spur des Bauern vom Vortag, der einfach so, mit einem großen Schritt über den Gartenzaun, in ihr Revier eingedrungen war. Ich folgte ihr, und sie lief geradewegs auf den Bauernhof zu, der ebenfalls nicht eingezäunt war. Da es hier keinen Wachtelkäfig, sondern nur eine Rasenfläche gab, konnte ich Senta gut einfangen – inzwischen hörte sie auch schon wieder auf „Senta komm".

Und wieder war es mir peinlich, das fremde Grundstück betreten zu müssen, um meinen Hund dort wegzuholen. Also rief ich die Bäuerin an, erklärte ihr, was geschehen war und warum Senta auf deren Grundstück gelaufen war. Und ich bat sie, doch künftig immer an unserer Haustür zu klingeln, wenn sie etwas von mir wollten. Ein solcher Vorfall hat sich dann auch nicht wiederholt, vor allem, als die Dorfbewohner merkten, dass ich nach dem Tod meines Mannes keineswegs vorhatte, mein Haus zu verkaufen.

Senta und das Huhn

Mein Ruf „Senta komm" war oft außer Kraft gesetzt, nicht nur während der eigentlichen Zeit der Pubertät. Denn im Dorf, auf den drei großen Bauernhöfen, gab es jede Menge Hühner, Schafe, Ziegen, Pferde und andere Tiere, die teilweise frei auf der Dorfstraße herumliefen. Senta war von Anfang an ganz doll auf alles, was Flügel hatte: Hühner, Möwen, Gänse, Schwäne, Enten.

Einmal hatte sie ein Huhn ermordet. Es lief frei herum auf dem Bauernhof, wo die Hühner sonst immer im Käfig waren. Ich war erst mal völlig überrascht, sie lief sonst immer zu dem Hühnergehege, die Hühner waren bisher nie frei. Und wenn ich weiterging, kam sie mir ganz schnell hinterher. Diesmal aber nicht, da hatte sie ein Huhn erwischt. Also ging ich erstmal zu dem Bauern. Der sagte, ich sollte ihm auf dem Wochenmarkt ein neues lebendes Huhn kaufen – eine Erfahrung, die ich als ehemalige Stadtbewohnerin eher skurril empfand.

In meiner Facebookgruppe postete ich: Hallo, was mache ich jetzt? Sie hat das Huhn brav nach Hause in den Garten geschleppt – und nun? Wie soll ich es ihr im Garten wieder abjagen?

Und damit löste ich eine lange Diskussion über Hühner, Berner Sennenhunde und Erziehung aus. Dazu mehr im nächsten Kapitel.

Senta ist weg

Auf unseren Wegen rund ums Dorf bis zum Meer kam es immer wieder mal vor, dass Senta eine Möwe flattern, ein Kaninchen hoppeln oder ein Reh unseren Weg queren sah. Und plötzlich war sie dann weg. So brav, wie sie immer ohne Leine neben mir herlief, so wenig war sie zu halten, wenn etwas flatterte oder sich bewegte. Meistens habe ich abgewartet, bis sie von selbst zurück kam.

Eine große Anziehungskraft hatten auch die vielen Tümpel und Gräben für Senta. Ich erinnere mich noch an unsere Anfangszeit, als Senta plötzlich in einem tiefen Graben verschwunden war. Dort unten wühlte sie begeistert im Schlamm – ich aber traute mich nicht hinunter, um sie zurück zu holen.

Mein Rufen blieb ungehört, bis ich irgendwann einfach weiterging. Da kam sie angelaufen – total verschmutzt, aber offenbar glücklich. Wortlos legte ich ihr die Leine an und ging mit ihr zu unserem Haus zurück. Dort band ich sie am Gartenzaun fest, holte einen großen Stapel alte Handtücher und Shampoo. Und dann spritzte ich sie mit dem Gartenschlauch ab, shamponierte sie, bis es nicht mehr so streng roch, und spülte mit reichlich Wasser ab. Senta ist danach nie mehr für länger in einem Graben verschwunden.

Einmal lief sie vom Wiesenweg weg auf eine eingezäunte Weide, und dort in den Wassergraben. Da man mir Angst gemacht hatte mit der Nachricht, dass ein Bauer einen frei laufenden Hund jederzeit erschießen dürfte, lief ich also hinterher und versuchte sie aus dem Graben zu ziehen. Das war ein schwieriges Unterfangen, weil Senta ja dort gar nicht heraus wollte!

Damals wusste ich noch nicht, wie kräftig eine Berner Sennenhündin ist und wie gut sie klettern kann. Das erfuhr ich erst Jahre später, als ich mit Senta in den Dolomiten war, wo sie auf unseren Spaziergängen jedes Mal ein steiles Ufer zum Bergbach hinunter- und wieder hinaufkletterte.

Einige Jahre später passierte es, dass Senta plötzlich weg war. Nach unserem Spaziergang war sie aus dem Garten gelaufen, als ich die Mülltonnen herein holte. Sonst kam sie immer von selber ins Haus – aber nun war sie weg. Ich habe fast das ganze Dorf abgesucht und gerufen. Ein schlimmes Gefühl war das.

Gerade als ich an unsere Hundefreundin schrieb, kam sie auf der kleinen Straße angelaufen, war völlig außer sich. Und dann lag sie hinter meinem Schreibtisch und konnte sich gar nicht wieder beruhigen. Was sie wohl erlebt hatte? Jedenfalls ist das nie wieder vorgekommen, egal ob das Gartentor offen war oder nicht.

Senta in unserem Garten

Eigentlich müsste es heißen „Senta in ihrem Garten", denn sie betrachtete unseren großen Garten mit einer langen Front, hinter der ein breiter Wanderweg verlief, als „ihr" Revier. Das erfuhr ich allerdings erst einige Jahre später, als José Arce, der Mensch-Hunde-Therapeut aus Mallorca, bei uns war. Er ist der Meinung, dass ein Hund möglicherweise besser in einer Wohnung leben kann als in einem Haus mit großem Garten. Denn der Hund fühlt sich verantwortlich für den Garten, und ist damit vielleicht überfordert.

Senta jedenfalls bewachte ihren Garten, und meist lag sie hinter unserem Haus, mit Blick auf den langen Zaun und den Wanderweg, wo ganz viele Spaziergänger und Fahrradfahrer vorbei kamen. Sie ließ mich nur unwillig an ihren Platz heran, um sie anzuleinen und nach drinnen zu holen.

„Senta komm" funktionierte meist nicht, wenn sie im Garten war. Ich sehe mich noch an der Terrassentür stehen, oft mit einem Leckerli oder einem Stückchen Camembert, um sie hereinzulocken. Sie kam einfach nicht, wenn sie nicht wollte. So legte ich ihr später eine kurze grüne Leine an, die „Gartenleine“, an der ich sie anfassen konnte, ohne Gefahr zu laufen, dass sie nach mir schnappte.

Am Abend lag sie oft bei mir auf der Terrasse, dann war es gar kein Problem, gemeinsam ins Haus zu gehen.

Senta lernt Autofahren

Senta mochte nicht Autofahren – eigentlich wollte sie nicht einsteigen, aber das wusste ich erst viel später. Zu Beginn der Welpenzeit setzte ich sie einfach auf die Rückbank oder vor den Vordersitz. Dann wurde sie schwerer und ich bat immer unsere Nachbarn, mir zu helfen, sie ins Auto zu setzen. Denn irgendwann stieg sie nicht mehr freiwillig ein.

Was war geschehen? Ich fuhr eines Tages mit ihr zur Tierärztin und meine Nachbarin fragte, ob ihre Tochter mit ihrem gleichaltrigen Kater mitkommen dürfte. Der saß dann während der ganzen Fahrt in seiner Box auf der Rückbank neben Senta, und mauzte. Und sein junges Frauchen hat ihn ununterbrochen bedauert und getröstet. Vielleicht hat Senta daraus geschlossen, dass eine Fahrt zur Tierärztin nicht so erfreulich war, wie ich immer tat. Jedenfalls mussten wir sie danach immer ins Auto heben.

Damals war ich ratlos und kaufte ihr eine Rampe. Damit übten wir auf der Terrasse, Senta hatte ihre Freude daran, die Leckerli zu holen. Aber ins Auto ging sie trotzdem nicht über die Rampe.

Übrigens habe ich später in Bamberg, als ich ein neues größeres Auto hatte, in das Senta nicht einstieg, wieder eine Rampe bestellt. Vergeblich. Denn sie „wusste“ es noch ganz genau, dass sie keine Rampe besteigen würde. Die Rampe schickte ich zurück und kaufte dann ein neues Auto, so eins, wie wir vorher gehabt hatten.

Nun hatte ich mir in den Kopf gesetzt, mit Senta und Hans Christian nach Armentarola zu fahren. Und ich wollte doch so gerne mit ihr zu all den schönen Stränden auf Fehmarn fahren. Senta musste also Autofahren lernen! Ich schaute Videos an, las Bücher, und engagierte ein gutes Dutzend meist selbsternannter Hundetrainer. Kofferraum oder Rückbank – beides klappte nicht. Mit Leckerli, Leberwurst bis zu ganzen Hähnchenschenkeln versuchten wir, Senta ins Auto zu locken.

Ohne Erfolg. Eine Hundetrainerin brachte ihren eigenen Hund mit, ließ ihn ins Auto einsteigen, und wir hofften, dass Senta das einfach nachmachen würde. Machte sie auch, aber war sofort wieder aus dem Auto draußen. Eine Trainerin nahm einen langen Anlauf auf unserer Auffahrt, um dann mit Schwung in den Kofferraum zu springen. Senta schaute sich das seelenruhig an, machte es aber nicht nach.

Weiter vorne hatte ich bereits berichtet, dass sie freiwillig und selbstständig eingestiegen ist, als wir gemeinsam zum Welpentreffen nach Zarpen fuhren und ich niemanden zum Helfen hatte. Denn Herrchen saß ja im Auto, also wollte Senta auch mit. Später stieg sie nicht mehr in das Auto ein – ich vermutete, weil es immer noch nach meinem Mann roch, auch als er schon lange tot war.

Und dann eines Tages im März 2016 – ich hatte ein neues Auto mit niedriger Rückbank – war Senta erstmals mit den Vorderpfoten im Auto. Ich saß hinten rechts, sie stieg links ein – für ein Leckerli. Am nächsten Tag stieg ich auf der anderen Seite aus, und sie ist tatsächlich durch das Auto gegangen und auf der anderen Seite wieder hinaus. Das übte ich nun jedes Mal nach dem Spaziergang, auch wenn die Pfoten dreckig waren. Das wurde in dem Praxisbuch „Individuelle Wege zum perfekten Mensch-Hund-Team" von José Arce so empfohlen.

Und dann kam das Beste des Tages: Senta ist fünfmal (!!!!!) durch das Auto über den Rücksitz gekrabbelt – und sie fand Freude an diesem Spiel – es gab einmal Camembert, sonst Leckerlis. Ich habe sie über den grünen Klee gelobt – sie war selbst ganz begeistert!

Denn Senta war seit Jahren nie in mein Auto eingestiegen! Nun aber – und das war meine Hoffnung – ging sie mutig in mein neues Auto hinein.

Ich hatte bereits ein Ziel formuliert: Ich wünsche mir, nein ich will, dass sie im September mit mir nach Armentarola fährt. Dann können wir ein paar Tage länger dort bleiben. Und nach Bamberg will ich sie auch mitnehmen, wenn ich wieder zum Zahnarzt muss – ich gehe dann in ein anderes Hotel, weil es fußnah zum Hain ist, wo es eine ganz tolle Hundewiese gibt. Das Hotel habe ich schon ausgesucht, mein jetziges Hotel nimmt keine Hunde. All das hatte ich Senta schon erzählt. Und so schaute sie sich das Auto mal von vorne an.

Nun wusste ich: Das könnte klappen! Die Tipps in dem Praxisbuch waren gut umsetzbar – aber ich schaffte es nicht und traute es mir auch nicht zu, regelmäßig mit Senta zu üben. Aber im September wollte ich sie doch gerne mit nach Armentarola nehmen! Das würde unsere erste große Reise in die Dolomiten sein!

So kam es, dass ich im Juli das Praxisbuch einpacken wollte, um es auf einer langen Zugfahrt nach Bamberg zu studieren, und dann auf die Idee kam, es mir als E-Book herunter zu laden. Dort bei Amazon entdeckte ich den Hinweis, dass der Autor José Arce zu einem persönlichen Workshop zu einem nach Hause kommen würde. Und als ich in Bamberg aus dem Zug stieg, wusste ich, dass ich ihn engagieren würde. Wie es weiterging, lest bitte in dem Kapitel „Willkommen im Leben".

Alle lieben Senta – Beziehung statt Erziehung

Was war denn das Besondere an dieser Berner Sennenhündin? Alle Menschen, die uns begegneten, lachten uns freundlich an – überall, wo wir waren. Als Senta noch ganz klein war, hielten Autos auf der Dorfstraße an. Einmal kam eine ganze Familie mit zwei Kindern aus dem Auto und wollte alles über Senta wissen. Und Senta war immer freundlich zu allen, besonders zu Kindern.

Ein ganz besonderer Hund

Zu meinem Mann kamen viele Therapeuten und Pfleger, und alle liebten Senta. Ich erinnere mich noch an die junge Frau vom ASB-Team, das meinen Mann in den letzten Wochen seines Lebens betreute. Sie stand vor unserer Haustür, sah die große Senta auf dem Sofa, und sagte: nein, da komme ich nicht herein. Und am nächsten Tag kam sie wieder und bat mich, ein Foto von ihr und Senta zu machen – sie legte sich einfach mit ihr auf den Fußboden und schmuste.

Wenn die ältere Therapeutin kam, schmuste sie erst einmal ausgiebig mit Senta, bis ich sie daran erinnerte, dass sie doch eigentlich für meinen Mann da war. Später kam eine jüngere Therapeutin, und ihre Begegnung mit Senta führte dazu, dass sie sich selbst einen jungen Hund anschaffte.

Unser Hausarzt kam regelmäßig – leider hatte er eine ausgeprägte Angst vor Hunden. Also musste Senta immer hinaus auf die Terrasse, bevor er kam. Und dann schaute sie von draußen herein, er war ganz verzückt, weil er meinte, der Stoffhund seiner Tochter sähe genauso aus. Daraufhin öffnete ich die Tür und die kleine Senta sprang ihn freudig an – ich weiß noch, wie unangenehm mir das war, weil sein weißer Arztkittel nun Pfotenabdrücke hatte. Beim nächsten Besuch setzte ich Senta wieder auf das Sofa, von wo sie die Haustür beobachten konnte, und hielt sie am Geschirr fest. Von da an liebte der Hausarzt unsere Senta und streichelte sie jedes Mal, wenn er kam.

Auch der Gärtner liebte sie, er blieb bei ihr im Haus, als ich nach dem Tod meines Mannes acht Tage in die Klinik musste zu einer Operation. Der Taxifahrerin, die mich aus Lübeck nach Hause brachte, erzählte ich von Senta und sie schaute sie sich gleich an. Einige Wochen später hatte auch sie einen Berner Sennenwelpen und wir gingen manchmal miteinander spazieren.

In Sentas ersten Jahren dachte ich oft, dass meine Mutter – wenn es tatsächlich eine Wiedergeburt gibt – in Gestalt von Senta zu mir zurück gekommen war. Sentas schöne braune Augen erinnerten mich an meine Mutter, aber auch die Art, wie sie mich stupste, wenn ich wieder mal vergessen hatte, etwas zu essen, wie sie Unnötiges wegschleppte und Überflüssiges zerriss, und wie sie mich daran erinnerte, dass wir unbedingt spazieren gehen müssen, auch wenn es regnet. Sie sorgte für mich, damit ich genug an die frische Luft kam und mich bewegte, regelmäßig aß, viel schlief und den schönen Spaziergang genoss.

In all den Jahren auf Fehmarn hat Senta gerne in der Ostsee gebadet, sogar im Winter. Sie war quietschvergnügt, wenn wir am Strand waren und hüpfte vor Freude um mich herum.

Meine Mutter hätte ihre Freude an ihr gehabt – sie hatte sich doch früher auch immer ein „Hündchen" gewünscht, so wie mein Mann. Aber in unserem damaligen Wohnhaus durfte man keine Hunde halten, und meine Mutter dachte auch, dass sie nicht mehr mit einem Hund spazierengehen konnte. Denn irgendwann konnte sie nicht mehr gut gehen. Damals gab es noch keinen Rollator – einen Rollstuhl aber oder auch nur einen Gehstock hätte meine Mutter niemals benutzt.

Als ich 2020 in Bamberg eine Assistentin suchte, enthielt die Stellenanzeige ein Bild von Senta mit der Anmerkung: Falls du einen Hund hast, kannst du ihn gerne mitbringen. Senta, unser Verlagsmaskottchen, freut sich auf dich und deinen Hund!

Und es bewarb sich tatsächlich eine Frau, die gerne im Verlag arbeiten, aber vor allem mit Senta spazierengehen wollte. Sie wurde Sentas Freundin. Oft lag Conny mit Senta am Boden und schmuste mit ihr, fütterte sie beim Frühstück und betreute sie, wenn ich mal weg war. Senta erwartete sie schon immer an der Aufzugtür. Und Conny war auch bei uns, als Senta krank wurde und an Sentas letztem Tag.

Als Senta ab 2016 im Auto mitfahren konnte, nahm ich sie überall mit hin – zu Seminaren und Lesungen, in Hotels, Restaurants und Cafés. Auf der Lesereise mit Dr. Yusuke Yahagi, dem japanischen Autor aus Texas, war sie natürlich auch dabei – und viele Freunde kamen zu den Veranstaltungen, um neben dem Autor vor allem Senta und mich persönlich kennenzulernen. Und Senta begleitete die amerikanischen Gäste auch bei ihrem Besuch auf unserer Insel.

Als wir nach Italien reisen konnten, bekam Senta noch mehr Freunde: Viele Italiener waren ganz verzückt, und ein Ehepaar legte extra immer den Urlaub so, dass sie uns dort trafen. Senta war wohl der meistfotografierte Hund in Armentarola. Auch die Barkeeper und das Zimmermädchen liebten sie und trauerten mit mir, als sie gestorben war. Wildfremde Leute sprachen mich an, denn Senta hatte sich überall beliebt gemacht. Sie liebte es, zum Gaderbach zu gehen, dort zu trinken und zu baden. Und bedeutete mir immer wieder, dass sie hier nicht mehr weg wollte.

Im Bamberger Hain trafen wir andere Hundebesitzer, und einer sagte: „Senta hat eine großartige Ausstrahlung, sie ist der einzige Hund, den mein Beagle nicht anbellt, sondern dem er mit Respekt begegnet. Senta hat eine gute Erziehung und ist eine starke Persönlichkeit!"

Beziehung statt Erziehung

Doch nun zurück zu der Geschichte mit dem Huhn. Es war der Vorabend des 1. Mai 2013, als ich in meiner Facebook-Gruppe postete: *Hallo – was mache ich jetzt? Senta hat ein Huhn erlegt!* In der folgenden Diskussion, die fast bis zum Maibeginn dauerte, wurde ich mir selbst klar über meine Erziehungsgrundsätze, obwohl ich eigentlich gar nicht so viel Erfahrung mit der Erziehung einer knapp 2-jährigen Berner Sennenhündin hatte.

Aber so ein Vorfall kann einem doch nur wieder helfen, die Beziehung zwischen Hund und Mensch zu stärken, nachzudenken und dem Leben positiv zu begegnen, meinte jemand. Und dazu gehört halt auch, dem Hund Grenzen zu setzen, ihn dabei weiter kennen zu lernen. Jemand anders äußerte sich erstaunt, dass Hundebesitzer ihren Hund frei laufen lassen und nicht unter Kontrolle haben.

Senta hatte sich ein Huhn gefangen und das würde sie bestimmt nicht wieder machen. Leider vergessen wir oft, dass unsere Hunde immer noch vom Wolf abstammen und wir vermenschlichen zu viel bei ihnen. Da kann man schon mal vergessen, dass sie nicht immer auf Kuschelkurs unterwegs sind. Passiert ist passiert, und der Bauer bekommt eine schöne neue Henne!

Das wurde eine interessante Diskussion. Dabei wollte ich wirklich nur wissen, was ich machen sollte, als Senta mit dem Huhn im Garten war. Jetzt war sie immer noch draußen, das Huhn allerdings etwas reduziert.

Nein, eigentlich erschreckt es mich nicht, wenn ein Hund ein Huhn erlegt – das ist ein Aspekt des (tierischen) Lebens, den wir oft verdrängen, weil wir glauben, so einen süßen, lieben Kuschelhund zu haben.

Mir hatte ganz am Anfang eine Züchterin gesagt: Einen Berner Sennen kann man nicht zwingen, den muss man locken. Das mache ich, und ich setze auch auf positive Verstärkung und auf die Beziehung zwischen Mensch und Hund. Ich denke, es gibt tatsächlich viele verschiedene Möglichkeiten des Umgangs mit einem Hund. Und man sollte sich immer nur dann ein Urteil erlauben oder Gesetze aufstellen, wenn man schon mal „in den Schuhen des anderen" gegangen ist.

So entnahm ich dieser Diskussion durchaus etwas Positives – und wurde mir klarer über meine eigene Haltung zum Hund. Übrigens wollte ich tatsächlich wissen, ob so ein frisch gestorbenes Huhn schädlich für den Hund sein könnte. Ist es aber wohl nicht. Mir wurde vielmehr gesagt, dass ein rohes Huhn besser sei als ein gekochtes, weil da die Knochen so gefährlich seien. Unser Hund hatte bisher immer mit Genuss die Hühnerknochen und auch ganze Hähnchenschenkel provenzalisch (so bereite ich sie zu) mit Genuss gefressen. Und ohne schädliche Folgen.

Senta war übrigens leider immer noch nicht drinnen. Sie hatte aber schon ein paarmal herein geguckt. Nun erlebte ich den herrlichen Sternenhimmel über Fehmarn. Den Zauber der ersten Mainacht.

Ich hätte genauso doof daneben gestanden, schrieb jemand, und mich gar nicht getraut, dieses Federvieh anzufassen, es könnte ja noch leben. Es liegt Gott sei Dank noch in dem gesunden Verhalten eines Hundes, mal was Lebendes zu erlegen, ich sehe es nicht als Drama.

Danke, das stimmt mich noch froher, antwortete ich. Also, das Huhn anfassen wäre nicht mein Fall – es hatte ja sogar noch ein Ei gelegt, als Senta es schnappte – das war aber noch ganz ohne Schale! Faszination der Natur. Wir leben ja hier auf einem ganz kleinen Dorf, umgeben von lauter Natur, ganz nah an der Ostsee, das können sich manche vielleicht gar nicht vorstellen, die in der Stadt leben. Senta ist auch ein „Stück Natur“, ich käme nie auf die Idee, sie mit in die Stadt zu nehmen. Abgesehen davon, dass sie sowieso nicht ins Auto steigt.

Unsere Senta ist offenbar zufrieden hier. Ich würde gerne mit ihr zum Strand fahren, aber sie steigt nicht ins Auto. Also laufen wir manchmal bis zum Meer, aber ihr ist es offenbar egal, ob da ein schöner Sandstrand ist oder nicht. Sie hat hier alles, was sie braucht.

Inzwischen war sie übrigens herein gekommen – von selber. Mir war schon ganz kalt, weil die Terrassentür noch auf war. Die Leckerli im Haus waren wohl doch verlockender als das inzwischen alte, ramponierte Huhn im Garten. Das ist auch „ganzheitliche Erziehung“.

Der Rest vom Huhn war nun in der Biotonne – nur einige Federn erzählten noch von dem Erlebnis. Und dann saßen wir beide wieder auf dem Sofa ... Also ging es doch um die Beziehung.

Am nächsten Morgen war Senta der liebste Hund der Welt! Und im Garten ging sie sofort schnüffeln, wo das Huhn geblieben war.

Jemand meinte, er hätte das Gefühl, dass ich Senta weniger als Hund sehe und behandle. Ich sollte mir mal jemanden suchen, der mir erzählt, wie ein Hund „tickt": Ein Hund braucht Erziehung und das geht nicht mit Diskussionen und netten Bitten. Da müssen klare Ansagen her. Ein Hund merkt ganz schnell, ob Frauchen konsequent ist oder nicht.

Vielleicht hatte er nicht ganz unrecht, aber ich antwortete: Recht amüsiert lese ich jetzt noch mal eure lieben Kommentare. Das erinnert mich an die Diskussionen über Erziehung der Kinder in der Schule – da war es ähnlich: „Ein Kind braucht Erziehung und das geht nicht mit Diskussionen und netten Bitten. Da müssen klare Ansagen her."

Dabei gibt es so viele Positionen in der Erziehung – und jeder muss seine individuelle finden. Man kann auch nicht hoffen, dass andere sie für einen finden, das muss man einfach selber machen.

Natürlich sollte man sich über verschiedene Erziehungsstile informieren – bei Kindern und bei Hunden. So viele Eltern hoffen immer, dass die Schule ihre Erziehungsprobleme löst. Oder ein guter Lehrer.

Und Hundehalter hoffen, die Hundeschule sei das Non-Plus-Ultra. Oder ein guter Hundetrainer. Kann helfen, muss aber nicht.

Der Mensch muss sich ändern und die Beziehung zum Hund (oder Kind) klären bzw. an ihr arbeiten. Jeder ist nun mal anders, und nicht jedem passt die Jacke des anderen.

Ich bedankte mich für die tolle Diskussion, bei der ich viel gelernt hatte – über mich und meinen Hund. Das Leben ist schön, das mit Hund noch viel mehr! Ich wünschte allen einen schönen Maibeginn!

Die Geheimnisse einer glücklichen Mensch-Hund-Beziehung

Ein Jahr später fand ich ein Buch, das unser Leben verändern sollte: „Meine 5 Geheimnisse für eine glückliche Mensch-Hund-Beziehung" von José Arce, einem Mensch-Hunde-Therapeuten aus Mallorca. Das wollte ich auch! Aber ich wusste nicht, wie ich das realisieren sollte.

Ich hatte schon einige Bücher gelesen – ein ganzes Regalfach war voll davon. Das Rätsel war ja, warum Senta nicht ins Auto steigen wollte. So kam unsere neue Hundefreundin mit der Theorie vom „Angestellten-Hund“ und vom „Chef-Hund“, das hatte sie in einer Sendung des NDR gehört, wo eine Hundetrainerin und Buchautorin vorgestellt wurde. Senta war selbstbestimmt, und müsste dazu bewegt werden, aus eigenen Stücken ins Auto einzusteigen. Das hatte die Freundin in der Fragestunde erfahren. Sie selbst hatte einen Golden Retriever, der machte einfach, was sie sagte.

Inzwischen wusste ich auch ziemlich genau, was ich nicht wollte: mit Zwang und Drill arbeiten. So hatte mir mal ein Bekannter den „Tipp“ gegeben, mit einem Schlüsselbund nach Senta zu werfen. Aber hallo!!! Was sind das denn für Methoden? Den Hund in Angst und Schrecken zu versetzen? Wir hatten ja zu Beginn bei Senta die „böse“ Dose eingesetzt, die ich aber immer weniger verwendete.

Dieses Foto zeigt, was ich wollte: eine glückliche Mensch-Hund-Beziehung. Denn mein Mann war einige Monate zuvor verstorben und hatte mir sein geliebtes „Hündchen“ hinterlassen, das für mich sehr lästig war: Es knabberte Möbel und Tapeten an, bellte alles an, was am

Haus vorbei kam, riss an der Leine, jagte alle flatternden Lebewesen, und vor allem: Es wollte nicht ins Auto einsteigen. Es machte einfach, was es wollte.

Aber da waren auch die Momente, in denen wir beide um ihr verstorbenes Herrchen trauerten, wenn wir die 2,5 km bis zu seinem Grab zu Fuß gingen; wenn wir gemeinsam auf dem Sofa saßen und uns Filme wie „Marley & Ich“ oder „Hachiko“ anschauten und weinten; wenn sie vor dem Flügel lag, während ich Klavier spielte; und wenn wir täglich zu Fuß über 6 km bis zum Meer gingen.

Als meine Lebensgeister wieder erwachten, wünschte ich mir, mit diesem „Hündchen“, der kleinen, großen Senta, endlich mal an einen schönen Strand zu fahren oder noch lieber in die Berge, in das geliebte Armentarola, wo ich mich meinem verstorbenen Mann und Sentas Herrchen viel näher fühlen würde, dort oben auf über 1600 m Höhe.

Ja, und dann kam das zweite Buch von José Arce: „José Arce's Praxisbuch: Individuelle Wege zum perfekten Mensch-Hund-Team. Vertrauen schaffen, richtig kommunizieren und erziehen.“

Das war es! Es konnte klappen, so dachte ich. Und schaffte es trotzdem nicht, obwohl ich ein festes Ziel hatte: Armentarola im Herbst 2016 zu besuchen.

Da ich weiß, dass man vom Träumen seine Träume nicht erfüllen kann, begann ich zu handeln. Ich rief im Büro von José Arce in Mallorca an und buchte ihn für einen persönlichen Workshop bei mir auf Fehmarn – denn wir konnten ja nirgendwohin reisen.

Er kam Anfang August 2016 zu uns, und am Ende des ersten Workshop-Tages fuhr Senta im Auto mit. Auch am nächsten Tag und jeden Tag, der danach kam. Und in den Jahren danach habe ich mit Senta viele Reisen gemacht: In die Dolomiten, nach Bamberg, Deidesheim, Salzburg, Seefeld, Hamburg, Köln, Berlin, Bad Ems, München, Dinslaken, Xanten, Worms, Würzburg, Günterleben. Und ich schrieb:

Ich bin unendlich dankbar dafür, dass ich so leben kann, zusammen mit Senta, dem für mich besten Hund der Welt.

Lest bitte weiter im Kapitel „Willkommen im Leben“.

Wo ist Herrchen geblieben? Trauern mit einem Hund

Im März 2016 schrieb ich in einem Blogartikel „Senta & ich“: Fast fünf Jahre lebt Senta jetzt bei mir auf Fehmarn, bereits zwei Jahre lebe ich mit ihr allein – wir sind ein starkes Team geworden.

„Warum haben Sie sich eigentlich keinen kleineren Hund angeschafft?“, fragte mich mal jemand. Ja, warum eigentlich? Warum habe ich Senta?

Mein Mann wollte immer ein „Hündchen“, wie er sagte. Und als wir einige Bilder anschauten, wollte er einen noch größeren Hund – denn er saß im Rollstuhl und er hatte immer viel Angst. Über eine Anzeige im Internet kamen wir auf die Rasse der Berner Sennenhunde, die perfekt zu uns zu passen schien. Wir hatten noch nie einen Hund gehabt, und es war nicht immer ganz einfach, diesem Welpen mit den spitzen Zähnchen wirklich gerecht zu werden. Einige Möbel haben noch Spuren aus dieser Zeit …

Senta fühlte sich von Anfang an pudelwohl bei uns – sie hatte sogar zur Begrüßung eine eigene Decke von einer Freundin aus Amerika bekommen. Ich schrieb einen Blog „Senta ist da – Ein Berner Sennen Baby auf der Sonneninsel Fehmarn“ und viele Freundinnen schrieben Briefe an Senta. Die aber interessierte sich mehr für die zahlreichen Stofftiere in unserem Haus – nur Leo, der Löwe, hat bis heute überlebt.

Senta ist auch eine Seelengefährtin – sie spürt meine innersten Regungen. Sie trauerte mit mir um ihr verstorbenes Herrchen, kennt heute noch den Weg zu seinem Grab. Sie freut sich mit mir, wenn etwas besonders Schönes passiert. Sie begrüßt Gäste in meinem Haus freudig. Wenn ich sie gerne mag, dann mag sie sie auch, und sie hat mich auch schon vor unliebsamen Besuchern beschützt.

Senta versteht jedes Wort, einige Worte aber besonders gut: „spazieren“, „lecker“, „zum Meer“ sind ihre Favoriten. Das Meer liebt sie ganz besonders, auch die Enten und Schwäne, die dort schwimmen. So läuft sie auch im Winter gerne ins Wasser, kommt aber bald wieder heraus, wenn es zu kalt ist.

Leider mag sie nicht Autofahren, und so bleibt sie daheim und bewacht Haus und Garten, wenn ich nicht da bin. Senta ist meine allerbeste Freundin, sie ist treu und geduldig, sie weiß, ob ich am Abend am Schreibtisch sitzen werde oder lieber auf dem Sofa, um mit ihr zusammen einen Film anzuschauen oder Musik zu hören.

Nie hatte ich mir einen Hund gewünscht in meinem früheren Leben – als mein Mann starb, war ich plötzlich alleine mit dem Hund und: wieder abhängig. Und nicht besonders glücklich darüber. Ich konnte nie wegfahren, wie ich wollte, also blieb ich zu Hause. Alle meine Versuche, Senta ins Auto zu locken, waren gescheitert und ich sah mich schon die nächsten zehn Jahre zu Hause angebunden. Und ich kam auf die Idee, Senta loszuwerden. Zum Glück ohne Erfolg.

Aber dann wagte ich es, sie alleine zu lassen, bei einer Freundin im Nachbardorf, oder ganz einfach zu Hause – mit Versorgung durch den Tierservice. Dadurch wurde unsere Verbindung immer stärker – und ich glaube daran, dass wir eines Tages gemeinsam in die Berge fahren, wie ich es mir immer gewünscht habe.

Heute möchte ich Senta nicht mehr missen, wir sind unzertrennlich geworden. Ich bin sehr dankbar, dass ich sie habe – durch den Wunsch meines verstorbenen Mannes bin ich heute nicht allein.

Und wenn ich mal wegfahre, weiß sie das, legt sich in ihre Lieblingsecke und wartet, bis ich wieder nach Hause komme – egal ob nach einer Stunde, einem Tag oder einer Woche. Und dann ist ihre Freude groß – und ich freue mich jedes Mal darauf, wieder nach Hause zu kommen und sie zu knuddeln.

Der Abschied

Doch zurück zu dem Tag, als mein Mann starb. Am Nachmittag des 10. Februar 2014 kam ich aus der Klinik nach Hause und wusste, dass mein Mann nicht mehr lebte. An Sentas Verhalten kann ich mich nicht erinnern, ich weiß nur, wie wir am Morgen des übernächsten Tages gemeinsam durchs Dorf liefen, um den Nachbarn die Todesanzeigen in den Briefkasten zu werfen.

Es war am Tag der Beerdigung, als ein Nachbar unbefugt in unseren Garten ging und Senta ihn am nächsten Tag bis auf sein Grundstück verfolgte. Davon hatte ich schon berichtet. Senta spürte offenbar, dass sie mich nun beschützen musste, dabei war sie noch nicht einmal drei Jahre alt.

Am Tag nach der Beerdigung ging ich mit ihr die 2,5 km an der Landstraße entlang zu Fuß bis zum Nachbardorf. Es war faszinierend für mich, dass Senta ohne zu zögern mit mir über die Straße auf den Kirchhof ging, zielstrebig bis zum frischen Grab meines Mannes, und sich davor dann hinlegte.

Als ich nicht mehr so oft zum Friedhof ging, fand ich meinen neuen Kraftort am Meer – gerne saß ich auf einem Stein und schaute hinaus aufs Meer. Und dann wünschte ich mir, mit diesem „Hündchen", der kleinen großen Senta, endlich mal an einen schönen Strand zu fahren oder noch lieber in die Berge, in das geliebte Armentarola, wo ich mich meinem verstorbenen Mann und Sentas Herrchen viel näher fühlen würde, dort oben auf über 1600 m Höhe.

Mein Sessel

Inzwischen aber veränderte sich etwas bei uns zu Hause, zuerst ganz unmerklich, dann immer deutlicher. Senta ging am Abend auf ihren Platz – der war seit einiger Zeit im ersten Stock, in der Nische hinter meinem Schreibtisch. Dort legte sie sich auch immer hin, wenn ich mal verreiste. Letzten Sonntag kam sie mir zum ersten Mal nicht freudig entgegen, als ich aus Lübeck nach Hause kam. Nein, sie schlief tief und fest oben auf ihrem Platz.

Wenn ich mal am Abend unten im Wohnzimmer war, saß ich ganz alleine auf dem Sofa, wo Senta es sich früher immer bequem gemacht hatte. Und ich schaute auf den Sessel. Er war verwaist, seit Hans Christian nicht mehr nach Hause gekommen war. Eine Zeitlang hatte Senta vor dem Sessel gelegen, es war ihr Lieblingsplatz. Dort schleppte sie einen Hähnchenschenkel hin, um ihn genüsslich zu verspeisen, dort spielte sie wochenlang jeden Abend mit dem Kong oder kaute auf ihrem Knochen – so als säße ihr Herrchen immer noch in dem Sessel.

Dann haben wir beide fast zwei Jahre lang einträchtig nebeneinander auf dem Sofa gesessen, wo ich oft einschlief, während Senta sich auf ihrem Platz unterhalb der Treppe zum Schlafen legte. All das war anders geworden, seit ich früher ins Bett ging, um nicht auf dem Sofa, sondern im Bett einzuschlafen. Der Sessel aber blieb weiterhin leer. Zum Lesen mochte ich mich nicht hineinsetzen, auch nicht tagsüber, es war einfach zu dunkel.

Den Sessel, den Hocker und das Sofa aus schwarzem Leder hatten wir schon in Bamberg bekommen. Eigentlich hatte ich mich auf den Sessel gefreut. Hans Christian mochte doch das Sofa so sehr, auf dem er immer seinen Mittagsschlaf hielt. Aber vom ersten Tag an liebte er den Sessel, und ich konnte auch besser mit dem Rollstuhl heranfahren. Als wir dann ein paar Monate später auf Fehmarn wohnten, war der Sessel Hans Christians Platz – bis zu seinem letzten Tag. Von dort schaute er gerne Fernsehen, von dort brachte ich ihn zum Treppenlift. Als er gestorben war, stand wochenlang eine Kerze vor seinem Sessel.

Irgendwann holte ich mir den Hocker ans Sofa, um dort etwas bequemer zu sitzen. Nun konnte ich am Abend endlich die Füße hochlegen. Fernsehen schaute ich kaum noch, aber seit etwa einem Jahr hörte ich jeden Abend Musik – von Brahms, Schubert, Chopin und anderen. Und Senta saß immer dabei. Immer leuchtete die Kerze auf dem Tisch, daneben oft ein Glas Rotwein. In letzter Zeit änderte sich einiges – ich begann wieder, mittags zu kochen und am Abend nur eine Kleinigkeit zu essen. Und ich setzte mich ab und zu in den Sessel, stellte die Tischlampe um, so dass ich auch lesen konnte, machte es mir bequem und freundete mich mit dem Sessel an, der doch nun schon lange meiner war.

Eines Abends dann blieb auch Senta unten im Wohnzimmer. Sie stibitzte sich Leckereien von dem Tischchen, an das sie nun besser herankam als vom Sofa aus. Ich schaute mir einen interessanten Film an. Aber wo war Senta eigentlich geblieben? Ich ging in die Küche und suchte. Da war sie nicht. Nach oben war sie auch nicht gegangen. Sie hatte sich einen ganz neuen Platz gesucht, hinter meinem Sessel, vor dem Sofa, wo wir es zwei Jahre lang gemütlich gehabt hatten.

Ich sah den Film zu Ende und legte eine CD auf. Nachdem ich monatelang Klaviermusik gehört hatte, war nun wieder Kammermusik von Brahms dran. Und nun schlief Senta an ihrem neuen Platz, und ich schrieb über den Sessel, der nun endlich mein Sessel geworden war. Die Musik war zu Ende und ein Glas Wein wartete auf mich.

Willkommen im Leben

Das Leben bietet uns immer wieder neue Möglichkeiten, uns weiterzuentwickeln. Wir können jeden Tag aufs Neue damit beginnen. „Willkommen im Leben“, hatte der Mensch-Hunde-Therapeut José Arce gesagt, als ich ihn am zweiten Tag seines persönlichen Workshops hier auf Fehmarn mit Senta in der Stadt abholte. Nicht nur für Senta hatte ein ganz neues und aufregendes Leben begonnen, auch für mich.

Erst vor ein paar Tagen sprach ich in einem Interview über Neuanfänge im Leben, vor denen sich mancher fürchtet. Ich musste während unserer Arbeit einige Glaubenssätze, Sichtweisen, Vorbehalte, Zweifel und Gewohnheiten erkennen und aufgeben.

Auch spürte ich ein leichtes Bauchgrimmen, als ich alleine mit Senta losfahren sollte. Ich sagte mir: „Du schaffst es. Man soll niemals seine Träume aufgeben.“ Und als Senta dann auf der Rückbank lag, spürte ich, wie es mir besser ging, wie mein Mut und meine Zuversicht immer stärker wurden und meine Kraft zum Weitermachen zunahm.

Wie groß war unsere Freude, als Senta auf einen kleinen Ruck an der Leine hin ins Auto sprang und sich sofort entspannt auf die Rückbank legte. José Arce hatte sich eine einfache Technik ausgedacht, und die haben wir dann den Rest des Tages trainiert: Ihre Leine war an der Gurtbefestigung eingehakt, Senta stand vor der linken hinteren Autotür und José ruckte kurz von der anderen Seite aus an der Leine. Und schon war Senta im Auto. Wir waren froh, dass Senta offenbar lediglich Angst gehabt hatte vor dem Einsteigen ins Auto, nicht jedoch vor dem Autofahren selber.

Als erstes fuhren wir nach Fehmarnsund – so lange hatte ich schon davon geträumt, dort mit Senta an den Strand zu gehen. Aber es war Hochsaison und der Strand voller Menschen. So lernte ich, dass ein Hund nach dem Aussteigen aus dem Auto erst einmal Pipi am neuen Ort machen muss – und dass wir unsere Technik dort besser nicht übten, wo so viele Menschen waren. So fuhren wir auf abgelegene Feldwege – zunächst hatte Senta einen Maulkorb auf und sprang gleich an der anderen Seite wieder aus dem Auto heraus. Und dann machte ich das ohne Maulkorb – und es funkionierte.

Ihr könnt euch gar nicht vorstellen, wie glücklich ich war, als wir uns mit Senta an einem Dorfweiher über den Erfolg freuten und anschließend in ein benachbartes Hofcafé zum Kaffeetrinken gingen.

Am Nachmittag fuhren wir dann in die Inselhauptstadt Burg. Senta vor dem Rathaus, in der Buchhandlung und im Café – mein Traum war in Erfüllung gegangen.

Jeden Tag übte ich mit Senta, wir waren an Stränden, in der Stadt, in Cafés und Restaurants und schließlich auf dem Friedhof, am Grab meines Mannes und Sentas Herrchens. Und alles ging gut.

Ganz vorsichtig begann ich, meine Reisepläne zu konkretisieren. So viele Unsicherheiten gab es noch für mich, weil ich noch nie mit einem Hund verreist war. Und so sind wir dann nach Bayern gefahren, eine Freundin hatte uns eingeladen, in ihrem Haus zu wohnen. Und bald würden wir endlich auch nach Armentarola reisen.

Freude und Trauer

Freude und Trauer – das war das Motto dieser ersten Reise mit Senta. Ja, meine Freude war riesengroß: darüber, dass ich mit meinem Hund eine Reise von fast 700 km mit dem Auto geschafft hatte, dass wir zusammen in Bayern waren, über die freundliche Einladung, die Ermutigung und die Unterstützung der Freundin.

Wirklich glücklich war ich aber, weil ich mit Senta auf den Spuren ging, die ich vor Jahren zusammen mit meinem Mann gelegt hatte. Wir hatten ja fast sieben Jahre in Bamberg gewohnt, bis er krank wurde und wir 2010 diesen Wohnsitz aufgaben, um nur noch auf Fehmarn zu wohnen. Später konnten wir dann gar nicht mehr reisen.

Und so wurde diese Reise auch zu einem Stück Trauerbewältigung für mich, das wurde mir erst klar, als wir von Bamberg wegfuhren. Senta hat sicherlich mein Glück und meine innere Ruhe gespürt, so dass sie überall ohne Bedenken mit mir ging: an Autobahnraststätten inmitten vieler Autos, durch dichtes Menschengewühl in der Innenstadt, durch Parkhäuser, in Aufzüge, in Restaurants und sogar zum Zahnarzt.

„Du kannst einen Hund nicht belügen, er spürt, wer es ehrlich mit ihm meint", schrieb die Freundin. Ja, das hatte ich auch schon in dem Workshop erlebt, als uns der Mensch-Hunde-Therapeut auf den rechten Weg gebracht hatte.

Die Erfolgserlebnisse der letzten Tage, die spürbare Liebe meines Hundes und der Traum, bald mit Senta in die Berge zu fahren, gaben mir ganz viel Kraft, jeden Tag einen Schritt weiterzugehen.

Dieser Neubeginn – Autofahren und Reisen mit Senta – hat mein Leben von Grund auf verändert.

Mein Tipp für alle, die sich mit dem Gedanken an ein neues Leben tragen, sich aber noch nicht trauen:

Anfangen, durchhalten und niemals aufgeben.
Man sollte niemals seine Träume aufgeben.

Allerbeste Hundefreundinnen

„Hast du morgen eventuell Zeit fürs Gassi gehen“, hatte Karin geschrieben, „morgen soll ein schöner Tag werden.“

Eigentlich hatte ich weder Zeit noch Lust, aber die Anfrage für einen Spaziergang der Hundefreundinnen lässt mich immer alles vergessen und „ja“ sagen. Und es wurde dann tatsächlich ein schöner Tag mit herrlichem Frühlingswetter.

Hundefreundinnen – das sind unsere Hündinnen Jenny und Senta, und natürlich ihre Frauchen Karin und ich. Wir haben uns kurz nach dem Tod meines Mannes über Facebook kennengelernt, Karin und Jenny wohnten im Nachbardorf. Und da Senta damals noch immer nicht Auto fuhr, kamen die beiden immer zu uns ins Dorf. Von dort starteten wir dann zu Fuß zu unseren Ausflügen ans Meer.

Diesmal hatte ich meine Spiegelreflexkamera mitgenommen, und so fingen wir gleich zu Beginn des Wiesenweges mit dem Fotografieren an. Beide Hunde hörten auf beide Frauchen, wenn Karin Senta streichelte, kam Jenny zu mir – und umgekehrt.

Ein glücklicher Tag am Meer

Am Wasser angekommen bitten wir einen Surfer, uns alle vier zu fotografieren. Die Hunde sind kaum zu halten, sie können nicht schnell genug ins Wasser kommen.

Wir freuen uns an der Lebenslust unserer „Seehunde“ und können uns nicht sattsehen an dem glitzernden blauen Meer. Was für ein herrlicher Anblick!

Und wir sprechen darüber, wie glücklich wir doch sind, dass wir diesen herrlichen Ort in wenigen Minuten von zu Hause erreichen können. Wir gehen am Wasser entlang, freuen uns über die Surfer und den wolkenlosen klaren blauen Himmel.

Wir leben auf der schönsten Insel der Welt, darüber sind wir uns mal wieder einig. „Stell dir vor, wie es ist, in der Stadt zu leben und nur einmal im Jahr zum Urlaub ans Meer zu fahren“, sagt Karin. „Und wir können das so einfach jeden Tag.“ Unsere Hunde leben in einem Paradies, so wie wir auch. Es ist uns unvorstellbar, dass ein Hund in der Stadt auf dem Bürgersteig gehen muss und vielleicht mal in den Stadtpark darf.

Wie bei jedem Spaziergang beobachten wir unsere Hunde und stellen wieder die Unterschiede fest: Während Jenny, eine Golden Retrieverhündin, fast ständig im Wasser hin und her sprintet, geht Senta, die Berner Sennenhündin, nur ab und zu ins Wasser und bleibt lieber in unserer Nähe – ein paar extra Streicheinheiten sind natürlich für sie drin.

Einige Minuten später kommen wir zu der schönsten Stelle auf unserem Spaziergang, zu „unserem kleinen Strand“, wo man ganz in der Ferne die Fehmarnsundbrücke sieht. Welche Idylle herrscht hier, wie schön, diese kleine stille Bucht zu erreichen. Jedes Mal überkommt uns ein neues Glücksgefühl, wenn wir hier sind.

Wir sind glücklich – einfach glücklich. Was soll man sonst dazu sagen? Senta lässt sich porträtieren – Jenny ist irgendwo im Wasser unterwegs.

Kaum zu glauben, dass sich die Schönheit dieses Anblicks noch steigern lässt. Aber ein paar Schritte weiter – und wir schauen auf eine weite glitzernde Wasserfläche, auf die Kiter und die Fehmarnsundbrücke – und auf Jenny, den Seehund.

Und dann endlich: unser geliebter kleiner Seesteg.

Nach so viel Meer laufen unsere beiden Hundefreundinnen einträchtig über die Wiese. Auf dem Feld sehen wir ein Entenpärchen und mehrere Hasen – das ist Natur pur!

Zum Glück sind die Hunde schon wieder in Richtung Wasser unterwegs, wo sich Jenny genüsslich in einer toten Möwe wälzt. Natürlich muss sie danach noch mal baden …

Müde und überglücklich kehren wir nach Hause zurück – das ist ein wirklich schöner Tag. Einfach: ein glücklicher Tag! Ein glücklicher Hundefreundinnen-Tag!

Zu Hause stärken sich die menschlichen Hundefreundinnen mit Kuchen und Tee, während die tierischen Hundefreundinnen Leckerli bekommen – bevor sie ermattet auf dem Boden einschlafen.

Der kleine Strand

Ich möchte so gerne mit Senta zum Strand fahren. Aber sie fährt ja nicht Auto, sie hat immer auf ihr Herrchen aufgepasst und ist das Autofahren nicht gewohnt.

Immer wieder ging mir dieser Gedanke durch den Kopf, immer wieder jammerte ich es anderen Menschen vor. Also lief ich Tag für Tag mit Senta rund ums Dorf, bei Wind und Wetter, über teilweise matschige Feldwege, auf denen man bei Regenwetter manchmal einsackte. Wehmütig dachte ich an die schönen kilometerlangen Strände auf unserer Insel. Im ersten Jahr, als Senta bei uns war, war ich mit ihr einmal zum Südstrand, nach Gold, nach Westermarkelsdorf und Fehmarnsund gefahren. Einmal waren wir dann noch in Meeschendorf, danach wollte Senta nicht mehr ins Auto einsteigen.

Als mein Mann noch lebte, war es vor allem Zeitmangel, wenn ich nicht zum Strand fuhr. Denn ich konnte ihn nicht lange allein lassen, und Senta wartete auch auf ihren Spaziergang. Wenn ich weg war, sagte ich ihr immer, sie solle auf ihr Herrchen aufpassen. Und mein Mann war froh, dass der Hund da war, denn er hatte oft Angst, allein zu bleiben.

So waren meine Strandbesuche recht selten, mein Bedauern aber immer sehr groß. Schließlich wohnte ich doch jetzt auf Fehmarn, um alle Tage mal zum Strand zu gehen. Ich liebte es seit Jahrzehnten, am Wasser entlangzuwandern. Freunde beneideten mich um die Strandspaziergänge mit Senta, aber da mochte ich nicht immer sagen, wie es wirklich war.

Irgendwann hatten wir einen Wiesenweg entdeckt, der von unserem Dorf direkt ans Meer führt. Das Wasser erschien mir dort neben der Straße modrig und ich mochte es nicht, wenn Senta hineinlief. Hinter unserem Haus wurde ein Fahrradwanderweg gebaut, und fortan ging ich dort mit Senta spazieren, meist um das ganze Feld herum. Nachdem wir ein Tor im Gartenzaun bekommen hatten, ersparte ich mir, mit Senta über die Hauptstraße oder vorbei am Bauernhof mit den freilaufenden Hühnern gehen zu müssen.

Dann lernte ich über Facebook eine Frau aus dem Nachbardorf kennen. Sie kam mit ihrer Hündin zu uns, und wir gingen gemeinsam spazieren. Meine „Hundefreundin" erzählte von einem kleinen Strand, den sie und ihr Hund so liebten. Und eines schönen Sonntags liefen wir vier im strömenden Regen zum Meer, immer weiter am Ufer entlang. Es war glitschig auf den Steinen und nassen Algen, und so kehrten wir bald um und wanderten völlig durchnässt zurück. Die beiden Hunde schienen diesen Ausflug zu genießen.

Im Sommer lernte ich dann endlich den „kleinen Strand" kennen. Wir wanderten immer am Wasser entlang, die Hunde tobten und schwammen im Wasser. Wir setzten uns in der Sonne auf einen Stein, plauderten und schauten aufs Meer hinaus. Dann entdeckten wir eine Steilküste und einen Seesteg, und wir badeten mit den Hunden an dem kleinen Strand.

Nie hätte ich gedacht, dass es mitten im Sommer ein solch idyllisches Fleckchen auf Fehmarn geben könnte, wo wir keine Touristen trafen. Nun kam ich schon fast 37 Jahre nach Fehmarn, aber hatte nicht gewusst, dass es einen solch hübschen kleinen Strand gab.

Vor einer Woche, nach wochenlangen Spaziergängen immer um das Feld herum, bei denen Senta immer wieder Kaninchen jagte, jammerte ich mal wieder, dass ich nicht mit Senta zum Strand könne. Ab und zu hatte ich sehnsüchtig auf die nur etwa 1000 m entfernte Ostsee geschaut – aber Senta wollte doch immer noch nicht Auto fahren. Bis mir mit einem Mal klar wurde, wer mich daran hinderte, an den Strand zu gehen: Ich selbst und meine Gedanken, dass wir ja nicht zum Strand fahren könnten!

Seitdem laufen wir jeden Tag ans Meer, und heute waren wir endlich an dem kleinen Strand. Ganz allein. Am rötlich gefärbten Spätnachmittagshimmel sahen wir Schwärme von Graugänsen schnatternd über uns hinfliegen. Wir gingen auf einem Trampelpfad mitten durch das Schilf, ich schaute auf das Meer, das mit einer leichten Dunstschicht bedeckt war. Ganz weit hinten blinkte der Flügger Leuchtturm, vorne im Wasser lagen ein paar einsame Boote, irgendwo weit draußen schien noch ein Surfer zu sein. Und in Richtung der kleinen Insel schwammen Enten und Schwäne.

Auch Senta genoss den Spaziergang und den Besuch an dem kleinen Strand – immer wieder lief sie ins Wasser und freute sich ihres Lebens.

Wie einfach ist es doch, glücklich zu sein. Manchmal muss man nur an den Strand gehen, um glücklich zu sein. Auch wenn es ein ganz kleiner Strand ist. Unser kleiner Strand.

Und ich denke: Mit dem Glück ist es genauso. Oft sucht man das große Glück, während man das kleine Glück, die winzigen Glücksmomente gar nicht wahrnimmt.

Senta on Tour – endlich reisen

Anfang August 2016 war Senta zum ersten Mal im Auto mitgefahren. José Arce, der Mensch-Hunde-Therapeut aus Mallorca war zu uns nach Fehmarn gekommen und hatte uns in einem persönlichen Workshop all das beigebracht, was wir brauchten, damit Senta im Auto mitfuhr.

Und nun standen große Reisen bevor – im September wollte ich mit Senta nach Armentarola in den Dolomiten reisen. Und schon tauchten viele Fragen auf, mit denen ich gar nicht gerechnet hatte. Da war es eine schöne Gelegenheit, dass uns eine Freundin aus Bayern einlud, sie für ein paar Tage zu besuchen

Und dann ging es weiter: Jeden Tag fuhren wir auf Fehmarn zu den schönsten Stränden, am liebsten nach Fehmarnsund, aber auch gerne nach Westermarkelsdorf oder an den Südstrand.

Und im September fuhren wir dann endlich nach Armentarola, meinem Traumort in den Dolomiten. Es war eine anstrengende Reise gewesen nach Armentarola: in Deutschland und Österreich herrschte eine große Hitze mit bis zu 40 Grad, die wir nicht gewohnt waren. Und so wunderte ich mich nicht, dass Senta nicht so richtig fressen wollte und ein wenig aggressiv und gleichzeitig matt war.

Mir war zwar aufgefallen, dass Senta so außergewöhnlich viel trank – aber schließlich war es ein sehr heißer Sommer. In Armentarola ging es ihr dann gar nicht gut.

Das riesige Glück, endlich dort angekommen zu sein, wurde getrübt, denn Senta war dort sehr krank und wäre beinahe gestorben. Doch der unglaublich optimistische und lebensfrohe Tierarzt operierte sie und so war sie zwei Tage später wieder bei mir im Hotel.

Nach der Heimkehr war Senta, unser Verlagsmaskottchen, zum ersten Mal bei einer Lesung im Café Jedermann in Burg. Senta scheint es gefallen zu haben. Beim Buchseminar war sie dann auch dabei.

Im Herbst machten wir unzählige Strandspaziergänge …

… und Senta erlebte den ersten Schnee am Strand.

Und im Dezember fuhren wir wieder nach Bamberg.

Von dort ging es nach Armentarola, wo sich Senta diesmal wohlfühlte.

Auf der Rückfahrt fuhren wir zum Chiemsee, zu einem Foto-Shooting, bei dem eines der schönsten Fotos von Senta und mir entstand.

Im Winter machten wir unzählige Strandspaziergänge und erlebten viele schöne Sonnenuntergänge.

Am vorletzten Tag des Jahres wanderten wir im herrlichen Sonnenschein weiter, als wir jemals gegangen waren: von Fehmarnsund bis nach Wulfen, wo ich vorher noch nie gewesen war, seit ich vor 39 Jahren zum ersten Mal auf diese Insel gekommen war.

Silvester feierten wir gemütlich zu Hause, und am Neujahrstag begrüßten wir das neue Jahr wieder am Strand.

Inzwischen war Senta der perfekte Verlagshund geworden, schließlich waren wir im Herbst ja schon auf der Buchmesse gewesen. Im Januar 2017 unternahmen wir unsere erste Reise nach Dinslaken, wo ich früher gewohnt hatte. Wir besuchten unsere Freunde und das Grab meiner Mutter. Senta legte sich dorthin, als wäre es ihr ganz vertraut. Und ich dachte wieder einmal daran, dass ich mir oft vorgestellt hatte, meine Mutter sei in Gestalt von Senta wieder zu mir gekommen.

Wir besuchten meinen ehemaligen Deutsch-, Philosophie- und Englischlehrer und späteren Schulleiter, Dr. Hermann Heyder in Xanten, und verlebten einen schönen Tag zusammen. Das Foto, das vor dem gemeinsamen Mittagessen mit seinem Sohn und seiner Tochter entstanden ist, ist das letzte Foto von ihm – denn er starb im März 2017 kurz nach seinem 95. Geburtstag.

Ich fuhr mit Senta am 30. März 2017 zu seiner Beerdigung nach Xanten. Eine Ära war zu Ende gegangen, und wir besuchten noch unsere Freunde in Dinslaken. Dieser Tag war gleichzeitig der 16. Hochzeitstag von meinem Mann und mir – unsere Freunde waren unsere Trauzeugen gewesen. Auf dem Rückweg von Xanten nach Dinslaken war ich mit Senta an dem Restaurant „Die Arche" in Götterswickerhamm, wo wir 16 Jahre zuvor unsere Hochzeit gefeiert hatten.

Nach diesen eher privaten Reisen ist Senta mit mir oft in ihrer Funktion als Verlagsmaskottchen unterwegs gewesen: Zum ersten Mal Anfang Februar, als wir unsere erste Buchvorstellung im Literaturhaus Berlin durchführten, bei der unsere Autorin Barbara Messer aus ihrem Buch „Mein Weg über die Alpen" las. Senta war natürlich dabei, und viele Freunde, die ich eingeladen hatte, waren auch wegen Senta gekommen.

Am nächsten Tag waren wir dann an dem Ort, wo ich 2005 promoviert worden war: an der Universität der Künste auf der Bundesallee.

Ja, und dann gingen wir beide tatsächlich auf den berühmten Kurfürstendamm! Da waren wir so begeistert, dass wir gar kein Foto aufgenommen haben! Aber als wir zurück auf unsere Insel kamen, da ging es natürlich erst einmal zum Strand.

Nun kam das Frühjahr mit unserer zweiten Fahrt an den Niederrhein, und wir fuhren fast täglich zum Strand. Es fanden etliche Buchcoachings und das Autorenseminar statt – und Senta war immer dabei.

Und dann kam ein ganz großes Ereignis in unserer Verlagsgeschichte: die Lesereise mit unserem japanischen Autor Dr. Yusuke Yahagi und seiner Frau April aus Victoria/Texas, der seinen Roman „Der Austauschsoldat“ in Berlin, Fehmarn, Hamburg, Bad Ems, Köln und Bamberg vorstellte. Und wiederum war Senta immer dabei.

Fröhliche Tage und eine Buchvorstellung auf Fehmarn …

Ende der Lesereise in Bamberg …

Und danach dann mein 65. Geburtstag in Bamberg …

… und dann waren wir wieder am Strand.

Sonnenbad am Südstrand …

Senta und „ihr“ Strand in Fehmarnsund

Im September waren wir dann wieder in Armentarola – der erste Weg führte Senta immer an den Brunnen vor dem Hotel.

Wir erlebten dort den ersten Schnee.

Gerne gingen wir spazieren, aber Senta schaute lieber die Berge an …

… und lag am liebsten auf der Wiese.

Am meisten aber liebte Senta den Gaderbach, jeden Morgen gingen wir als erstes über die Hügel dorthin.

Am letzten Morgen wollte sie hier nie wieder weg.

Im Oktober haben wir wieder eine Geschäftsreise unternommen – zum Business-Workshop von Dr. Renée Moore in Heidelberg. Dort waren Hunde sehr willkommen, weil auch Dr. Renée Moore ihren Hund Karla dabei hatte.

Lothar Seiwert, der Bestseller-Autor und Ehepartner von Dr. Renée Moore, war höchstpersönlicher CDO (Chief Dog Officer) für die drei anwesenden „Seminarhunde". Doch Senta blieb bei mir, schaute die ganze Zeit zu Renée Moore hin und tankte bei diesem Seminar und auch bei späteren Seminaren eine ganz unglaubliche Energie. So sprang sie auf der Heimfahrt ganz von selbst ins Auto.

Wir ließen uns auch hier vor dem Hoteleingang fotografieren.

… und dann waren wir wieder am Strand.

Senta und die Magie von Armentarola

Nun möchte ich doch noch die Geschichte von unserer ersten Reise nach Armentarola und Sentas Krankheit und Genesung erzählen: Als ich am 12. September 2016 endlich, nach vielen Jahren der Träume, in Armentarola ankam, war mein Hund sehr krank. Der Hotelchef rief sofort den Tierarzt einige Dörfer weiter und mehrere Hundert Meter tiefer an, und nach dem zweiten „Alarm“ von mir konnte ich mit Senta dorthin fahren. Senta war schon ganz schwach, und eine Freundin hatte mich darauf vorbereitet, dass sie dies nicht überleben würde.

Aber der Tierarzt schaute mich mit optimistischem Augenausdruck an und sagte, was es sein könnte. Und wenn es wirklich nicht mehr als das wäre, würde er Senta morgen operieren und sie wäre dann in zwei Tagen wieder fit.

Auch die Operation könnte Senta vielleicht nicht überstehen, ihr Herz sei doch so schwach, hatte mir die Freundin am Telefon schon erzählt. Pessimismus pur – das denke ich heute darüber. Auch der Tierarzt hatte das bestätigt – aber er gab Senta per Einlauf einige Medikamente. Und er war voller Optimismus. Ich blieb bis zum Abend bei Senta, sie war ganz schwach, aber sie spürte, dass ich da war. Als ich mich in einer Bar nebenan stärkte und der Wirtin von Senta erzählte, sagte sie nur: Dieser Tierarzt würde nie ein Tier einschläfern, wenn es noch eine Chance gibt. Und so fuhr ich am Abend beruhigt nach Armentarola zurück.

Ich hatte im Hotel mit Anna gesprochen, dem „guten Geist“ von Armentarola. „Das hat schon seinen Grund, dass das ausgerechnet in Armentarola passiert ist“, sagte Anna zu mir. Und ich vertraute ihr und dem Geist von Armentarola. Wir hatten offenbar Glück gehabt. Sentas Herz war nach der Ruhe in der Tierarztpraxis wieder völlig normal, der Tierarzt operierte Senta am nächsten Tag, und zwei Tage später konnte ich sie bereits ins Hotel holen. Denn jetzt brauchte sie meine Gesellschaft, meinte der Tierarzt. Glücklich holte ich sie ab.

Am Abend veranstalteten wir eine Buchvorstellung, bei der ich einige Worte über meinen Bezug zum Hotel und zu Senta erzählte, die hier innerhalb von zwei Tagen gesund geworden war. Dabei sprach ich von der Magie dieses Ortes hoch in den Bergen. Ein 85-jähriger Stammgast, der bereits seit 30 Jahren mehrmals im Jahr hierher kam, bestätigte das, auch er meinte, Armentarola sei ein magischer Ort. Ich überlegte, dass ich 81 werden muss, bis ich sagen kann, dass ich seit 30 Jahren dorthin komme. Senta aber wollte mit mir in die Hausbar, sie hatte wieder Appetit und Durst. Und alle Gäste freuten sich mit uns.

Es war wie ein Wunder: Senta wurde wieder ganz gesund. Zwar machten wir in diesem Urlaub noch keine ausgedehnten Wanderungen, kamen aber zusammen insgesamt 16-mal wieder und wanderten fröhlich. Senta liebte das Baden im klaren, oft reißenden Bergbach und vor allem das Trinken. Sie hatte eine ungewöhnliche Energie gewonnen, sie kraxelte das steile Ufer des Baches hinauf und hinunter wie eine Bergziege. Und sie nahm tatsächlich ab durch die viele Bewegung in den Bergen – denn sie bekam ja nicht, so wie ich, jeden Abend ein Fünf-Gang-Menü. (Foto: Senta & ich im September 2018)

Ein Jahr der Reisen

2018 war ein Jahr der Reisen. Schon beim Neujahrskonzert hatte ich die Idee, auf meiner Reise vom Niederrhein nach Deidesheim auch nach Salzburg zu fahren! Doch zunächst waren wir in Deidesheim, so posierten Senta und ich vor dem berümten Deidesheimer Hof, wo ich mich zum Mentoring mit Dr. Renée Moore traf.

In Salzburg wohnten wir in demselben Hotel, in dem ich schon im Januar 2007 mit meinem Mann gewohnt hatte, und dieser Aufenthalt wurde zu einem unserer schönsten Erlebnisse im Jahr 2018.

Immer öfter war ich in Bamberg, unserer einstigen „Traumstadt“, die mein Mann und ich als Alterswohnsitz ausgewählt hatten. Als er krank wurde, waren wir ganz nach Fehmarn gezogen. Aber ich war immer wieder gerne in Bamberg, nicht nur, weil ich dort meinen Zahnarzt aufsuchte. Ich traf dort auch ehemalige Nachbarn, alte und neue Bekannte, interessante Autoren, und freute mich immer wieder über die traumhafte Kulisse dieser schönen Stadt und den wundervollen Weihnachtsbaum im Hotel Bamberger Hof, wo Senta und ich inzwischen Stammgäste geworden waren.

Dies zählt zu meinen schönsten Erlebnissen im Jahr 2018: Ich war im Juni mit meiner Senta in Armentarola und bin durch hohes Gras voller Sommerblumen „gewatet". So etwas hatte ich noch nie erlebt. Der Hund war voller Glückseligkeit und wälzte sich immer in dieser bunten Fülle von Wiesenblumen.

In Armentarola hatte sich mein Traum erfüllt: Eine Auszeit in den Bergen – zur Inspiration, Meditation, zum Lesen und Schreiben, zum Pläne machen, und zum Wandern in der herrlichen Natur. Senta war vergnügt und warf sich immer wieder auf den Rücken, wenn wir durch die blühenden Bergwiesen gingen.

Ich dachte nach, was sich in den letzten 7 Jahren ereignet hatte und träumte mein Leben in den nächsten 7 Jahren. Ich schrieb: Ich habe einen tollen Hund! Senta ist seit fast 7 Jahren bei mir. Wir hatten einige Schwierigkeiten. Aber seit zwei Jahren fährt sie im Auto mit und kommt überall mit hin. Hier in Armentarola geht sie beim langen Vormittagsspaziergang komplett an der Leine. Auf dem Hotelgelände läuft sie frei, auch im Hotel folgt sie mir „bei Fuß".

Ich möchte, dass Senta auch in 7 Jahren noch bei mir ist, dann ist sie 14. Sollte sie früher gehen, nehme ich sofort wieder einen Berner Sennen Welpen, der lernt dann alles von Anfang an, was Senta jetzt kann. Und ich bleibe fit durch die viele Bewegung mit dem Hund. Und Armentarola wird er auch lieben.

Und jedes Mal, wenn wir nach glücklicher Reise über die Fehmarnsundbrücke wieder zurück auf unsere Insel kamen, sagte ich zu Senta, die wie immer auf der Rückbank saß und geduldig zuhörte:

„Was für ein Traum, wir wohnen auf der schönsten Insel, die wir uns vorstellen können! Wir sind oft unterwegs und erleben wundervolle Zeiten in Armentarola, unserem zweiten Zuhause in den Dolomiten. Ich bin unendlich dankbar dafür, dass ich so leben kann, zusammen mit Senta, dem für mich besten Hund der Welt.“

Warum mein Hund ein gutes Heilmittel ist

(aus meinem Buch *Gesund und glücklich leben.* Fehmarn 2018, S. 133ff.)

Hunde machen Schmutz

Ich hatte nie einen Hund gehabt und mir als Kind nie einen gewünscht – wir hatten einen Wellensittich und einen Hamster, an denen ich viel Freude hatte. Irgendwann hatte meine Mutter dann die Käfige weggeworfen und erklärt, sie würde keine weiteren Tiere haben wollen. Mein Mann hatte sich dagegen schon immer einen Hund gewünscht. Er liebte Balou, einen Hund aus der Nachbarschaft, der zwar immer größer wurde, aber für meinen Mann stets das „Hündchen" blieb. Ich fand damals, dass der Hund etwas streng roch und mochte es nicht, wenn er mich besabberte – ich wusch mir nicht nur die Hände, wenn ich von ihm zurückkam, sondern zog mir oft sogar eine andere Hose an. „Hast du dir schon die Hände gewaschen?", hatte mich meine Mutter früher oft gefragt, so als ob es gefährlich sei, mit ein wenig Dreck zu leben. Und Tiere galten so auch für mich immer als besonders schmutzig.

Seit ich mit meinem Hund zusammenlebe, hat sich das tiefgreifend verändert. Zu beobachten, wie der Schmutz einfach aus dem Fell herausfällt, und zu erfahren, dass man sich nicht gleich die Hände waschen muss, wenn man den Hund gestreichelt hat, war neu für mich. Es hat mein Leben verändert – vom „immer pingelig auf der Hut sein vor ungesundem Schmutz" zum natürlichen Umgang mit anderen Lebewesen. Schließlich wäscht man sich ja auch nicht immer die Hände, wenn man jemandem die Hand gegeben hat. Es hat das Leben mit meinem pflegebedürftigen Mann sehr erleichtert, dass es bei uns nicht mehr klinisch sauber war, seit der Hund bei uns war. Dazu war es ein langhaariger Hund, der zweimal im Jahr sein Fell wechselt. Dann liegen überall schwarze Haarbüschel herum, und kaum ein Wäschestück ist ohne Haare – aber ich habe den früheren Ekel gegen Haare verloren. Seit wir regelmäßig zum Hundefriseur gehen, hat sich das zum Glück grundlegend verändert und es liegen kaum noch Haare im Hause herum.

Mein Bewusstsein hat sich verändert: natürliche Dinge wie Hundehaare, Sand und Steine vom Strand, Blätter und Blüten gefährden unsere Gesundheit sicher nicht so wie viele Chemikalien, die wir in unserem engeren Umfeld verwenden. Seit der Hund bei mir lebt, achte ich noch viel stärker auf die Zusammensetzung von Putz- und Waschmitteln und nehme oft einfach nur klares heißes Wasser zum Spülen. Heute fällt es mir schon auf, wenn ein Besucher meine stets schmusebedürftige Hündin streichelt und sich dann erst einmal die Hände waschen will. Ich habe mir angewöhnt, wenn jemand sagt, er sei erkältet und ich solle ihm nicht die Hand geben oder ihn zur Begrüßung umarmen, einfach zu sagen: Ich stecke mich nicht an. Ich denke, dass es nur ein Glaubenssatz ist, denn sonst wären Hausärzte ja ständig erkältet, wenn sie sich bei ihren Patienten anstecken würden. Genauso weiß ich, dass es mir eher gut tut als schädlich ist, wenn ich meinen Hund streichele, auch wenn wir gerade am Strand sind und sein Fell voller Sand ist.

Ein Hund als Therapie

Senta kam zu uns, als wir unser Haus mit Garten auf Fehmarn gekauft hatten. Mein Mann saß im Rollstuhl, und er hatte sich sein ganzes Leben lang ein „Hündchen“ gewünscht – jedoch in der Stadt und bei voller Berufstätigkeit war das nie möglich gewesen. So erfüllte ich ihm diesen Wunsch in der letzten Phase seines Lebens – Senta war immer bei ihm, und so hatte er weniger Angst, wenn ich ihn mal alleine lassen wollte. Er liebte das „Hündchen“, das schon bald zu einer stattlichen Berner Sennenhündin herangewachsen war, die sogar Herrchens Rollstuhl ziehen konnte. Vor allem aber passte sie immer gut auf ihn auf, er fühlte sich behütet – das ist ganz wichtig für einen kranken Menschen, der auf die Hilfe anderer angewiesen ist. Er mochte keine Befehle und sagte statt „sitz!“ einfach mit sanfter Stimme „setz dich hin“. Und Senta machte das tatsächlich. Sie liebte ihr Herrchen, saß beim Frühstück neben ihm und schnappte ihm so manches Mal das Käsebrötchen aus der Hand. Denn sie mag genauso gern Camembert wie mein Mann es mochte. Das brachte schon beim Frühstück Gelächter und Fröhlichkeit. Mit Vorliebe sprang sie in sein Bett, wenn wir morgens die Schlafzimmertür öffneten. Sie lag dann auf der „Besuchsritze" neben ihm und kuschelte mit ihm. Das tat ihm gut, und auch das brachte Heiterkeit in unser Leben.

Schon als Senta erst sechs Monate alt war, haben wir sie als ein Heilmittel entdeckt. Freunde hatten uns einen Therapiehund für meinen Mann empfohlen. Aber wir nahmen einfach einen normalen Welpen auf, der sich überraschend schnell an die Krankheit meines Mannes gewöhnte. Schon bald ließ sich eine positive Wirkung beobachten. Ganz offensichtlich hilft ein Hund, Stress und Ängste abzubauen und emotionale Äußerungen zu fördern. Der Hund lief auch gut am Rollstuhl und begann schon, ihn zu ziehen. Wenn er frei laufen durfte, blieb er immer in der Nähe oder wartete auf uns, wie um sein Herrchen zu behüten. Das tat meinem Mann sehr gut, dass da jemand war, der sich ihm ganz widmete. So konnte ich meinen Mann trotz seiner Ängste auch immer mal für eine Stunde alleine zu Hause lassen, weil Senta dann in seiner Nähe lag und auf ihr Herrchen aufpasste. Er fühlte sich sicher.

Ich glaube, dass ein Hund genau spürt, wenn es seinem Menschen nicht gut geht und wenn er bedürftig ist – nach Schutz oder Beistand. Als mein Mann gestorben war, schlief ich immer bei offener Tür, der Hund aber hat nie versucht, in mein Bett zu kommen. Senta hat lange Zeit im Schlafzimmer übernachtet, meist auf dem Teppich am Fußende, manchmal aber auch direkt neben meinem Bett. Seit es mir gesundheitlich gut geht, schläft sie immer draußen, entweder am Kopf der Treppe – so kann niemand unbemerkt heraufkommen – meistens jedoch gegenüber der Schlafzimmertür – auch ich kann dann nicht unbemerkt herauskommen. Am Morgen ist das immer sehr schön: Meistens muss ich schon lachen, wenn der Hund mich erwartet und sich sofort auf den Rücken rollt und die Pfoten in die Luft streckt vor Freude, dass Frauchen nun endlich aufgestanden ist. Dann gehe ich erst einmal hinunter auf den Boden und kuschele mit dem Hund. Glauben Sie mir, das ist eine bessere Therapie gegen Rückenbeschwerden aller Art als Gymnastik und Kniebeugen. Erstaunlicherweise bleibe ich dadurch sehr beweglich und komme – meistens jedenfalls – ganz gut wieder hoch. Und dann gibt es auch die Tage, an denen Senta mich weckt – erstaunlicherweise oft genau auf die Minute. Will ich am Sonntag mal etwas länger schlafen, steht sie neben meinem Bett, nach genau acht Stunden Schlaf. Und ich stehe fröhlich auf.

Senta ist schon seit Jahren Therapie für mich: Wenn ich zu lange am Computer sitze, kommt sie und stupst mich so lange, bis ich aufhöre und mit ihr spazieren gehe. Sie hat eine ganz spezielle Technik, meine rechte Hand zu stupsen, mit der ich die Computermaus führe. Die frische Luft tut mir gut, die Bewegung auch. Und da ich auch bei Regen und Sturm hinaus gehe – in wasserdichten Stiefeln, mit warmem Pullover und Regenjacke – habe ich keine Erkältungen mehr. Natürlich kennt Senta meine Tätigkeit am Computer und lässt mich in Ruhe arbeiten – auch wenn ich auf der Terrasse sitze und schreibe. Aber sie hat eine Art „eingebaute“ Uhr und weiß, wann es Zeit ist, mal wieder aufzustehen und sich zu bewegen. Genauso geht es beim Telefonieren – in meinem Autoren-Mentoring führe ich regelmäßig längere Telefon- oder Skypegespräche. Wenn es Senta dann zu lange erscheint – also meist nach mehr als 1,5 Stunden oder wenn unsere normale Startzeit zum Spaziergang überschritten ist, kommt sie in meinen Arbeitsbereich, macht sich bemerkbar und „klaut“ sich Leckerli vom Schreibtisch – manchmal bellt sie dann sogar. Jedenfalls sorgt sie dafür, dass ich meinen gut strukturierten Tagesrhythmus einhalte.

Ein Hund als Heilmittel

Rückblick: Mit 3 ½ Jahren war Senta für mich ein wirkliches Heilmittel geworden. Damals fuhr sie nicht im Auto mit, und so wanderten wir jeden Tag zum Meer, im schnellen Tempo. Das heißt, ich lief im schnellen Tempo, damit Senta mir folgte und nicht so viel abseits lief. Sie legte dadurch den 2-3-fachen Weg zurück. Jeden Tag waren es ungefähr 4 bis 6 km, manchmal sogar mehr. Im Durchschnitt bin ich täglich 6555 Schritte gegangen. Senta ist viel schneller geworden im Laufe der Zeit. Ich wohl auch. Ich überlegte schon, ob wir mal nach Fehmarnsund laufen konnten, zu diesem Strand wollte ich so gerne mit Senta hin.

Was hat das mit meiner Gesundheit zu tun? Genug Bewegung als Ausgleich zur Schreibtischarbeit, schnelles Laufen bei jedem Wetter. Ich komme durchgeschwitzt zurück und bin munter. Dazu kommt die Freude, jeden Tag ans Meer zu gehen. Die wunderschönen Fotos, die ich aufnehme, wenn die Sonne ihre letzten Strahlen ins Wasser gleiten lässt. Aber auch, dass Senta nicht wegläuft, sondern immer in meiner Nähe bleibt. Auch das ist gut für meine Gesundheit: Ich habe eine Freundin an meiner Seite, die mich bedingungslos liebt. Und ich bin für sie verantwortlich. Wir sind ein gutes Team geworden. Sentas Freude zu beobachten bei diesen Spaziergängen zum Meer und am Meer entlang, ist einfach toll. Jeden Tag eine Stunde Glück, frische Luft und Ausspannen – was kann man sich Besseres wünschen?

Wir kennen viele Einsätze von Hunden für die Gesundheit von Menschen: als Blindenhund, als Lawinenhund, der Verschüttete aufspürt, als Partnerhund für Menschen mit Behinderungen. Bei Epileptikern können Hunde kommende Anfälle spüren, so dass der Mensch sich noch rechtzeitig vorbereiten kann. So können Epileptiker mit der Hilfe ihres Hundes ein weitgehend normales Leben führen und dürfen sogar Auto fahren. Auch im Hinblick auf Bluthochdruck sind Hunde sehr nützlich, durch moderate Spaziergänge und nonverbale Kommunikation. Eine Studie des Brooklyn College New York ergab, dass herzkranke Menschen nach der Entlassung aus dem Krankenhaus länger lebten, wenn sie einen Hund besaßen. Man schaute sich die Sterberate von 50 Hundehaltern und 28 Menschen ohne Hund an. Innerhalb der gleichen Zeit starben elf Menschen ohne Hund und nur drei Hundebesitzer. Ruediger Dahlke kommt zu dem Schluss, warum es Tierbesitzern oft so viel besser geht als Menschen ohne Tiere – auch wenn es wissenschaftlich noch nicht erforscht ist: Tiere vermitteln uns Zuneigung und Liebe und animieren uns zu ebensolchem Verhalten, was sich auf die Seele auswirkt.

Ein Hund als Spiegel der Seele

Ruediger Dahlke hat immer wieder auf den Zusammenhang von körperlichen und seelischen Symptomen hingewiesen. Er beschreibt in seinem lesenswerten Buch *Das Tier als Spiegel der menschlichen Seele* auffällige Parallelen zwischen den Krankheitsbildern bei Tieren und ihren Menschen. In dem Buch werden zahlreiche Beispiele aus einer Tierarztpraxis angegeben, die beweisen, dass Tiere uns Symptome und Krankheitsbilder abnehmen. In manchen Fällen scheint es so, als ob sich die Tiere für ihren Menschen opfern. So glaubt Dahlke, dass seine Katze überraschend an einem Herzfehler gestorben sei. Dieser ähnelte sehr stark dem Problem seiner kranken Tochter, die nach einer schweren Operation wieder ganz gesund wurde.

Eines steht fest – und jeder Tierhalter hat es schon erfahren: Unsere Tiere wissen offenbar gut Bescheid über unsere seelische Befindlichkeit, die sich dann in Krankheiten äußert. Meine Hündin war nach dem Tod meines Mannes ein sehr guter Trauerbegleiter. Es scheint so, als übernehmen Tiere tatsächlich unsere Sorgen und Ängste, weil „ihr" Mensch ganz besonders wichtig für sie ist. Sie helfen uns damit, gesund zu werden.

Senta war nach dem Tod ihres geliebten Herrchens lange Zeit sehr ängstlich, was das Autofahren betraf. Ich glaube heute, dass sie seine tiefen Ängste übernommen hatte. Der Hundetrainer, der uns geholfen hat, dieses Problem zu lösen, sprach von einem Trauma, das der Hund beim Einsteigen ins Auto gehabt hätte. Auch bei meinem Mann hatten wir ein traumatisches Erlebnis in seiner Kriegskindheit als Ursache seiner späteren Erkrankung vermutet. Seit zwei Jahren fährt Senta nun im Auto mit, aber ganz selten zögert sie noch beim Einsteigen, und dann sehe ich zu meinem Erstaunen an ihrem eingeklemmten Schwanz, dass sie offenbar Angst hat.

Bei unserer ersten gemeinsamen Reise in die Dolomiten war sie sehr krank, ohne dass ich es gemerkt hatte. Nach der Ankunft wäre sie beinahe an einer Gebärmutterentzündung gestorben. Der Südtiroler Tierarzt behandelte sie und operierte sie am nächsten Tag, und schon zwei Tage später kam sie noch schwach, aber doch munter und lebensfroh, wieder zu mir ins Hotel. Ganz konnte ich diesen Vorfall nicht klären, aber möglicherweise hat sie mir ein spezifisches Frauenproblem abnehmen wollen. Meine Gedanken, dass ich dort oben in den Bergen meinem verstorbenen Mann sehr nahe sein würde, könnten sich übertragen haben. Bei jeder Fahrt von der Tierarztpraxis hinauf zum 1000 m höher gelegenen Hotel sagte ich beim Anblick der mächtigen Bergmassive zu meinem Mann: „Nein, du bekommst Senta noch nicht, sie bleibt noch bei mir." Eigenartigerweise starb dann Sentas Mama Susi einige Wochen später. Sie sah genauso aus wie Senta und kannte meinen Mann. Bei einem Welpentreffen hatte Susi neben dem Rollstuhl meines Mannes gesessen, wie um ihn zu behüten. Nun glaube ich, dass sie bei meinem Mann ist, damit er dort, wo er jetzt ist, keine Angst mehr haben muss – und immer ein „Hündchen" bei sich hat.

…

Vielleicht kennen Sie auch die Geschichte des Hundes Hachiko, der nach dem Tod seines Herrchens zehn Jahre lang jeden Abend am Bahnhof auf ihn wartet. Mit Senta ging ich am Tag nach der Beerdigung meines Mannes zum Friedhof, und sie ging zielstrebig mit mir zu seinem Grab und legte sich davor. Das wiederholte sich noch mehrere Male. Ich konnte es kaum glauben, bis ich Ähnliches von vielen anderen Hundegeschichten hörte. Wir schauen uns den Film *Hachiko* oft am Todestag meines Mannes an, und schon so manches Mal hatte ich das Gefühl, dass Senta meine Trauer mitträgt, dass sie mit mir weint. Dahlke belegt es mit mehreren Beispielen, dass Tiere offenbar zu erstaunlichen Liebesbeweisen für ihren Menschen fähig sind. Sie übernehmen bereitwillig die Verantwortung für den Körper und die Seele ihres Menschen. Und so sind sie nach Dahlke eine „wesentlich größere Unterstützung für unser Leben als die beste und teuerste Lebensversicherung".

Allerdings sind sie nicht so praktisch wie eine Lebensversicherung, für die wir einfach nur Geld einzahlen. Tiere machen Schmutz und sie haben ihre Bedürfnisse, um die wir uns kümmern müssen. Sie bringen uns finanziell nichts, kosten aber eine Menge Zeit und Geld. Und trotzdem sind sie für uns unbezahlbar und unersetzlich.

Eine glückliche Mensch-Hund-Beziehung

Viele Menschen leben alleine mit ihrem Hund und genießen die Heiterkeit und Lebenslust ihres Gefährten. Der Hund will Streicheleinheiten und fordert Zuwendung, und er wedelt freudig mit dem Schwanz, wenn sein Frauchen oder Herrchen nach Hause kommt. Wenn ich mal etwas länger weg gewesen bin, erlebe ich mit Senta einen riesigen Freudentaumel. Sie springt aufs Sofa, legt sich wie ein Baby auf meinen Schoß und streckt ihre Beine in die Höhe. Bei Menschen erlebt man kaum eine derartige Begeisterung und Willkommensfreude wie bei einem Hund. Gespräche mit anderen Hundebesitzern zeigen mir immer wieder, wie viel Freude ein Hund ins Leben bringt – er will spielen, macht Unfug, klaut die Schuhe, nur damit sein Mensch hinter ihm her läuft und sich mit ihm beschäftigt. Anfangs war ich überrascht, wenn Senta Bücher zerfledderte – aber schließlich ist sie ja das Verlagsmaskottchen und weiß, welche Bücher mir am meisten bedeuten. Erst als sie einen geliebten Stoffhund „zerlegte", begriff ich, was sie mir sagen wollte. Denn mit einem lebendigen Hund, der mich liebt, können weder Bücher noch Stofftiere konkurrieren.

Das Wichtigste ist, die wahre Verbindung zu seinem Hund zu finden.

(José Arce, *1974)

Mein großer Traum war es, mit Senta jeden Tag zu einem Strand zu fahren, und vor allem einmal in die Berge von Armentarola. Aber Senta stieg ja nicht ins Auto ein. Auf der Suche nach Hilfe entdeckte ich das Buch *Meine 5 Geheimnisse für eine glückliche Mensch-Hund-Beziehung* von José Arce, einem Mensch-Hunde-Therapeuten aus Mallorca. Ich rief im Büro von José Arce in Mallorca an und buchte ihn für einen persönlichen Workshop bei uns auf Fehmarn – denn wir konnten ja nirgendwohin reisen. Er kam Anfang August 2016 und am Ende des ersten Workshop-Tages fuhr Senta im Auto mit. Auch am nächsten Tag und jeden Tag, der danach kam. Inzwischen haben wir schon viele Reisen zusammen gemacht.

Senta und ich – ein starkes Team

Als Senta fünf Jahre bei mir lebte, waren wir ein starke Team geworden. Mir hatte damals gefallen, wie Senta als vier Wochen alter Welpe stolz da saß, mir den Rücken zudrehte und so tat, als würde sie sich gar nicht für mich interessieren. Mein Mann und ich hatten sie nach unserer Lieblingsschauspielerin Senta Berger benannt, die wir als Schauspielerin, aber auch als starke Frau sehr schätzten.

Senta fühlte sich von Anfang an pudelwohl bei uns. Sehr früh interessierte sie sich schon für den Computer und den Verlag, zerknabberte das eine oder andere Buch. So wurde Senta bald unser Verlagsmaskottchen. Sie wusste, wann es besser war, Frauchen nicht beim Schreiben und Telefonieren zu stören. Sie erkannte aber auch die richtigen Momente, wenn dringend ein Spaziergang zum Meer angebracht war. Sie sorgte für meine Gesundheit, schon morgens musste ich lachen, wenn ich aus dem Bett kam und sie lag da und wollte gekrault werden. Senta war meine allerbeste Freundin, treu und geduldig, sie wusste, ob ich am Abend am Schreibtisch sitzen werde oder lieber auf dem Sofa, um mit ihr zusammen einen Film anzuschauen oder Musik zu hören.

Ich schrieb ihr Anfang 2016 diese kleine Liebeserklärung:

So ein Hund sitzt einfach da und schaut dich an, manchmal kommt er und stupst dich mit seiner Nase, wenn du wieder zu lange am Computer sitzt und ihn nicht beachtest. Er spricht nicht, er schreibt keine Emails, er chattet nicht, er liket nicht – er schaut einfach mit seinen großen braunen Augen. Er wartet auf dich, er macht sehr deutlich, wenn er etwas will, etwas anderes, als du willst. Er ist da, wenn du nicht schlafen kannst, er hört mit dir Musik, er spürt, was deine Seele bewegt, er sitzt beim Essen neben dir. Er wartet geduldig, wenn du wieder mal ein paar Stunden weggefahren bist, auch nach mehreren Tagen Abwesenheit wirst du stürmisch begrüßt. Er ist nie verletzt von dem, was du sagst oder tust, er ist nicht nachtragend, wenn du mal mit ihm geschimpft hast. Am Morgen wartet er geduldig, bis du endlich aufgestanden bist, aber dann möchte er Zärtlichkeit nach der langen Nacht. Er feiert jeden Tag aufs Neue den allergrößten Moment: wenn du die Leine nimmst und mit ihm hinaus gehst zum Meer. Und am Abend wartet er so lange, bis du endlich vom Schreibtisch kommst und dich aufs Sofa setzt, er ist gleich neben dir, denn nun beginnt die gemütlichste Stunde des Tages.

Nie hatte ich mir einen Hund gewünscht in meinem früheren Leben – als mein Mann starb, war ich plötzlich alleine mit dem Hund und: wieder abhängig. Und nicht besonders glücklich darüber. Ich konnte nie wegfahren, wie ich wollte, also blieb ich zu Hause. Alle meine Versuche, Senta ins Auto zu locken, waren gescheitert und ich sah mich schon die nächsten zehn Jahre zu Hause angebunden.

Doch dann wagte ich es, sie alleine zu lassen, zuerst bei einer Freundin im Nachbardorf, dann ganz einfach zu Hause – mit Versorgung durch den Tierservice. Dadurch wurde unsere Verbindung immer stärker – und dann fuhren wir endlich zusammen in die Berge, wie ich es mir immer gewünscht hatte. Durch die vielen Reisen und gemeinsamen Erlebnisse in den nächsten Jahren wurden wir unzertrennlich. Jeden Tag fuhren wir zweimal zum Strand und verbrachten dort schöne, unvergessliche Stunden.

Ich wollte Senta nicht mehr missen und bin auch heute noch sehr dankbar dafür, dass ich sie hatte – durch den Wunsch meines verstorbenen Mannes war ich nie mehr allein.

Senta und ich waren ein „Dreamteam" geworden.

Aus heiterem Himmel

Kurz nach dem Start ins neue Jahr 2019 passierten gleich drei Dinge „aus heiterem Himmel“: Am 9. Januar kaufte ich überraschend ein neues Auto. Die Rückbank lag niedriger und war etwas breiter als beim alten Auto, und der Kofferraum war größer. So würde Senta es auf unseren Reisen bequemer haben – und ich auch. Nur einen Tag später verspürte ich plötzlich eine Lähmung auf der rechten Gesichtsseite, die erst nach einigen Monaten wieder verschwand.

Am späten Abend des 17. Februar, es war der 98. Geburtstag meiner Mutter, passierte etwas, was meine Welt für kurze Zeit untergehen ließ. Aus heiterem Himmel hatte Senta eine lebensgefährliche Magendrehung und ich fuhr sie mit einer Nachbarin nach Lübeck, wo sie noch in der Nacht operiert wurde. Es war eine schwere OP, aber wir sind rechtzeitig in die Klinik gekommen.

Meine Nachbarin und ich haben uns in großer Zuversicht geübt während der einstündigen Fahrt zur Klinik, damit mein Hund nicht das Gefühl haben sollte, es sei etwas Gefährliches. Um Mitternacht dann begann die OP und wir fuhren wieder zurück nach Fehmarn. Noch in der Nacht bat ich meine Freunde auf Facebook, die Daumen zu halten, dass die OP gelingt.

Um 1.30 Uhr rief mich dann die Ärztin an und sagte, dass die OP noch rechtzeitig genug war, aber es nun auf die Stunden danach ankäme, ob Senta durchkam. Und so begann ich zu beten – und unglaublich viele Freunde, bekannte und unbekannte Menschen haben mich unterstützt und mir damit Hoffnung und Zuversicht gegeben. Und dafür gesorgt, dass Senta durchkam. Dafür war ich sehr dankbar.

In dieser Nacht, die ich ganz allein in meinem Haus war, stellte ich mein Leben in Frage: Wozu brauchte ich ein Haus, einen Garten und machte ständig weite Reisen, um dorthin zu kommen, wo ich gerne hinwollte? Zum Glück konnte ich Senta am nächsten Tag wieder nach Hause holen. Ich erkannte, dass unser Plan vor Jahren gut gewesen war, Bamberg als Alterswohnsitz zu wählen. Direkt vor der Tür waren genug Ärzte und der Weg in die Berge war nicht allzu weit.

Hallo Leben – hier ist Senta – ich bin wieder da

Diese Bilder postete ich am Tag nach Sentas Rückkehr aus der Klinik.

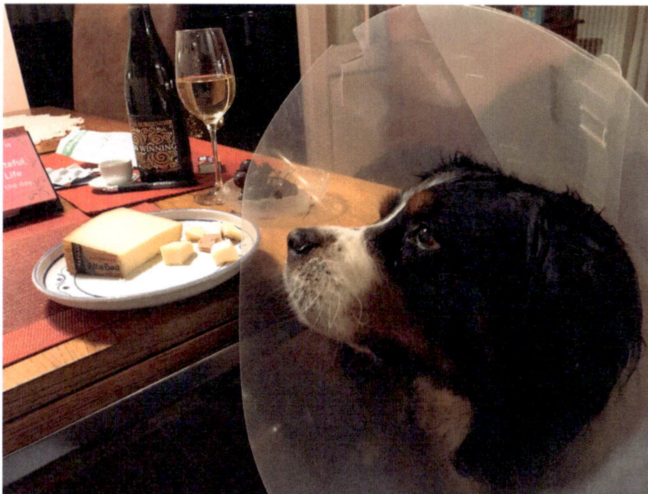

Senta hatte wieder Appetit und stieg die Treppe hinauf.

Tschüss Fehmarn

Während Sentas Genesung sind wir nur wenig gelaufen – jeden Tag ein bisschen mehr. Und dann kam scheinbar „aus heiterem Himmel" mein Entschluss, dass ich wieder in Bamberg leben wollte, so wie mein Mann und ich das einstmals geplant hatten. Ich sehnte mich nach dieser schönen Stadt, die einstmals meine Traumstadt gewesen war. Ich verkaufte mein Haus und mietete eine Wohnung in dem Neubauprojekt „Quartier an den Stadtmauern" in Bamberg. Denn nach diesen Vorfällen „aus heiterem Himmel" war ich davon überzeugt, dass es richtig für uns war, was mein Mann und ich vor 17 Jahren beschlossen hatten: Bamberg als Alterswohnsitz zu wählen, und im Urlaub in die Berge und ans Meer zu reisen.

Am 29. April 2019 hatte ich ein Bild von Senta auf der Wiese unter dem blühenden Pflaumenbaum aufgenommen, den ich sechs Jahren zuvor selber gepflanzt hatte. Dieses Bild gehört zu meinen bleibenden Erinnerungen an unser Leben in dem Haus und Garten auf Fehmarn.

Mitte Mai 2019 entstand dieses Foto von Senta am Rapsfeld.

Am 23. Juli 2019 nahm ich das letzte Bild von Senta auf Fehmarn auf.

Ein starkes Team nahm Abschied von der Sonneninsel Fehmarn …

… und empfing gemeinsam die neuen Wohnungsschlüssel.

Kurz vor unserem Umzug von der Insel in die Stadt besuchten wir den Workshop „Liebe deinen Hund“ von José Arce. Nur 11 Tage später konnte ich einfach nur staunen: Senta lief mit mir durch die Stadt Bamberg, vorbei an Bussen, Autos, Motorrädern, Fahrradfahrern, durchs Menschengewühl der Altstadt, zauberte ein Lächeln auf die Gesichter der Menschen, die uns entgegenkamen, ließ sich von verzückten Touristinnen kraulen und fotografieren, hielt bei Rot an der Ampel und ging bei Grün über die Straße, badete in der Regnitz und lief durch den Hain, legte sich gemütlich hin, wenn ich mal auf einer Bank oder in einem Lokal sitzen wollte. Sie hatte ihre Lieblingsplätze in der neuen Wohnung, hatte eine winzige Wiese zum Pippimachen ganz in der Nähe des Hauseingangs entdeckt, kannte genau den Weg nach Hause und zur Lieblingswiese. Und sie blieb nur noch manchmal sitzen, wenn etwas Neues auf sie zukam.

José Arce hatte gesagt, es sei viel besser für einen Hund, mit seinem Menschen in einer Wohnung zu leben und gemeinsame Spaziergänge zu unternehmen, als dass der Hund den ganzen Tag alleine im großen Garten ist.

Angekommen

Seit dem 24. Juli 2019 lebten wir glücklich in Bamberg. Doch schon Mitte Oktober beschäftigten mich Gedanken, die ich vorher nie gedacht hatte. Hatte ich das eigentlich richtig gemacht, mit meinem Umzug nach Bamberg? Sind wir an der richtigen Stelle, in der richtigen Umgebung gelandet? Ist meine Wohnung im „Quartier an den Stadtmauern" tatsächlich so sensationell, wie ich gedacht hatte? Sollten wir noch mal umziehen?

Immer wieder fragte ich mich, ob sich meine Hoffnungen erfüllt hatten, nachdem ich „Tschüss Fehmarn" gesagt hatte. Oh ja, ich war sehr glücklich, wieder in Bamberg zu leben. Aber das Glück und das Wohlbefinden und auch meine Gesundheit wurden stark beeinträchtigt durch die Umstände der Wohnung und des neuen Umfeldes im „Quartier an den Stadtmauern". Manchmal hatte ich das Gefühl, um 10 Jahre gealtert zu sein. Ich spürte deutlich, dass auch Senta sich hier nicht wohlfühlte. Am Abend hatte sie Angst, mit mir hinauszugehen. Jeden Morgen hatte sie Angst, wenn wir hinausgingen, weil dort so viele Busse verkehrten und am Wochenende großer Touristengruppen den Weg versperrten. Zwar gingen wir jeden Tag in den Hain, aber das glich die unangenehmen Umstände unserer Wohnung nicht aus.

Und so hatte ich schließlich nur noch ein Ziel: so bald wie möglich umzuziehen. Unsere heutige Wohnung hatte ich mit Senta bereits am 1. November 2019 besucht – ich war eigentlich nur im strömenden Regen mit ihr dorthin gelaufen und hatte festgestellt, dass die neue Wohnung nur 700 m Luftlinie von der alten Wohnung entfernt war.

Zur Wohnungsbesichtigung und zur Wohnungsübergabe ging Senta ohne zu zögern mit mir dorthin, und am Umzugstag ebenfalls.

Senta und ich fühlten uns auf Anhieb wohl in unserer neuen Wohnung voller Licht und guter Energie. Jeden Morgen nach dem Aufwachen gingen wir beide erst einmal durch die ganze Wohnung, freuten uns und staunten, wie schön es hier war. Ich war sehr glücklich. Senta offenbar auch.

Schon bei der Wohnungsübergabe hatte sich Senta ihren Lieblingsplatz so ausgesucht, dass sie fast die gesamte Wohnung überblicken konnte. Und nach dem Umzug war ihr Platz dann neben dem Flügel.

Am 29. April 2020 wollte Senta zum ersten Mal nicht weit spazieren gehen. Hoffentlich lag es nur am Wetterwechsel. Ich musste mich mit der Tatsache auseinandersetzen, dass Senta in vier Tagen schon neun Jahre alt würde und die Anzeichen des Altwerdens nicht mehr zu übersehen waren. Immer öfter fragten mich Spaziergänger, ob das schon ein älterer Hund sei. Ich fand den Text „Plötzlich sind sie alt“ von Sylvia Raßloff auf meinem Computer und wurde ganz traurig. Und in den Büchern über Berner Sennenhunde las ich alles, was dort über das Altwerden steht.

Ich spielte Senta das Lied „Lalelu“ am Flügel vor, so wie ganz früher, als sie als Welpe immer unter dem Flügel saß und mir zuhörte. Am nächsten Morgen aber lief sie fröhlich hüpfend auf die Dachterrasse und bellte laut einen umgekippten Tisch an. Dann lag sie wieder ruhig im Wohnzimmer und wartete darauf, dass wir spazieren gehen. Sie freute sich über jedes Gassigehen, auch wenn es nur ein paar Minuten waren, denn in der Mittagshitze gingen wir nicht länger, und am Nachmittag bei 30 Grad im Schatten machten wir auch nur einen kurzen Gang. Oft gingen wir nur an den Kanal ganz in der Nähe unserer Wohnung. Am Wochenende machten wir dann einen langen Spaziergang durch den Bamberger Hain, wo Senta mehrmals baden und aus der Regnitz trinken durfte. Und danach war sie so erledigt, dass sie stundenlang ruhig lag. Bis es etwas zum Futtern gab – da war sie dann schnell wieder munter.

Erinnerungen an Strandspaziergänge

30. April 2020 – Erinnerungen fürs Leben: Luna ist gestern Abend gestorben. Nachdem ich „Lalelu“ für Senta gespielt hatte, war ich im Sessel eingeschlafen. Und als ich zwei Stunden später wieder wach wurde, fand ich die Nachricht von Lunas Frauchen und unserer Freundin. Senta hatte offenbar eine Vorahnung gehabt.

Ich erinnerte mich in dieser Nacht an die vielen langen Strandspaziergänge mit Martina, einmal war auch ihre große Tochter dabei, ein paarmal auch ihr Mann. Ich hatte ihnen immer wieder Mut gemacht für ihr Leben, für ihren Umzug nach Fehmarn. Luna rannte über den Strand und war überglücklich, wenn man Stöckchen warf!

Nun war dieser Hund ohne große Anzeichen einer Krankheit gestorben, sogar in einer Tierarztpraxis. Es könnte eine Lungenembolie gewesen sein – ich dachte sofort an Covid 19, die Lungenkrankheit, und an das schlechte Klima in Martinas Heimatstadt, und mir kam der Gedanke, ob der Hund seinen Menschen die Krankheit abgenommen hatte. So etwas soll es ja geben (laut Rüdiger Dahlke).

Unsere letzten gemeinsamen Fotos sind Ostern 2019 entstanden.

Starke Senta – das Leben lieben

Endlich konnten wir wieder verreisen – schon zweimal war unsere geplante Auszeit in Armentarola ausgefallen. Das Hotel hatte die gesamte Wintersaison 2020/21 geschlossen! So recht glaubte ich noch nicht daran, dass wir wieder dorthin reisen könnten.

Sentas Auto

Aber im Juni 2021 sollte es dann endlich klappen. Zuvor aber kaufte ich ein anderes Auto – die Wahrscheinlichkeit unserer Reise nach Südtirol im Hinterkopf. Denn Senta stieg einfach nicht in den schönen Mercedes GLC ein, den ich erst im November gekauft hatte. Ich wollte ein größeres Auto für unsere Reisen haben – und ich hatte leichtfertig den Vorschlag des Autoverkäufers abgelehnt, Senta mitzubringen. „Die geht in jedes Auto", hatte ich gesagt, „dafür habe ich eine spezielle Technik gelernt."

Aber es ging nicht – Senta hatte offenbar Angst vor dem großen Auto mit dem hohen Einstieg. Nur mit Hilfe einer zweiten Person habe ich es ein paarmal geschafft, aber Senta hatte immer Angst, herauszuspringen – und ich hatte Angst, dass sie sich ihre Beine verstauchen würde. Sie war ja kein junges Hundemädchen mehr.

Bevor ich das neue Auto kaufte, dasselbe Modell der A-Klasse wie zuvor, bat ich den Verkäufer, mit dem Auto zu uns nach Hause zu kommen. Senta kam mit in die Tiefgarage und stieg ohne zu zögern in das neue Auto ein und wir machten eine kurze Probefahrt. Und dann fuhren wir mit „Sentas Auto“ wieder nach Armentarola. Sie stieg sogar ganz selbstständig ein, ich brauchte meine erlernte Technik gar nicht anzuwenden.

Jemand sagte beiläufig, dass Senta doch eine weise Hündin sei. Denn eigentlich war das größere Auto eine „Schnapsidee“ gewesen, eine teure noch dazu, zumal ich in den vergangenen sechs Monaten wegen der Corona-Pandemie nur gut 600 km gefahren war. Meine Hündin war jedenfalls sehr zufrieden und glücklich, dass wir beide mal wieder verreisen konnten.

Nach einem Ausflug in den Norden freuten Senta und ich uns darauf, bald wieder nach Armentarola zu fahren. Die Vorfreude gab mir viel Energie für alles, was in den nächsten Tagen noch anstand.

Lebe deinen Traum

Auf unseren Spaziergängen in Armentarola im September 2021 hatte Senta ein ganz besonderes Plätzchen gefunden, wo wir gerne Pause machten.

Ganz plötzlich wurde mir bewusst: Ich lebe meinen Traum.

Es war Sonntag, der letzte Septembersonntag, und früh am Morgen, beim ersten Spaziergang mit Senta über die Hügel von Armentarola, nahm ich dieses Bild auf. Jeden Morgen in diesem wunderschönen Spätsommerurlaub hatte ich das Bergmassiv gesehen, und fast jeden Morgen auch fotografiert.

Diese wunderschönen Berge geben mir Mut, Kraft und Zuversicht. Immer wieder. Auch in den langen Monaten des Corona-Winters 2020/2021, als das Hotel Armentarola 8 Monate lang geschlossen war und ich nicht hier sein konnte. Diese Berge sah ich täglich auf dem Bildschirm meines iMac.

Doch sie live anzusehen, das ist etwas ganz anderes. Die Berge sind so mächtig und stehen schon seit Tausenden von Jahren dort. Ein bisschen bröckelt mal ab, aber sie bleiben in ihrer erhabenen Größe erhalten! Und jeden Morgen erzählte ich Senta, wie der Anblick dieser Berge auf mich wirkte.

Und ich lebe meinen Traum. Die regelmäßigen Auszeiten mit Senta in Armentarola gehören dazu. Sie sind ein großer Teil meines Traums.

Auf Senta wirkten die Berge auch sehr positiv und wir erlebten einen harmonischen Urlaub. Auch wenn sie nachts im Hotelzimmer manchmal bellte, aber das konnte ich ihr schnell wieder abgewöhnen.

Im Sommer hatte sie damit begonnen, mehr als zuvor zu bellen. José Arce hatte mir geschrieben: *Bitte denke daran, dass Senta nun schon älter ist und viel Ruhe braucht.* Und so ließ ich sie auf den Rat von José Arce hin nicht mehr auf der Terrasse schlafen. Aber dann begann sie, abends um mein Bett herumzugehen und leise zu bellen, damit ich sie hinaus auf die Terrasse ließ. Dort bellte sie dann in einer schönen Sommernacht, als sie Spätheimkehrer hörte – und ich beschloss in dieser Nacht, keinen Hund mehr zu mir zu nehmen, wenn sie mal über die Regenbogenbrücke gegangen wäre. Allerdings hatte ich nicht damit gerechnet, dass sie mich schon so bald verlassen würde.

Erste Schatten auf dem Glück

Doch auch der schönste Traum kann plötzlich weit weg von der Wirklichkeit sein. Nie hätte ich gedacht, dass diese Veränderungen bereits Anzeichen für eine Krankheit sein könnten. Bis ich eines Morgens den dicken Knubbel an Sentas Bauch spürte! Ende November waren wir beim Tierarzt, er meinte, wir sollten abwarten. Er glaubte erstmal nicht, dass es gefährlich sei.

Danach sagte ich zu Senta: Ich werde dafür sorgen, dass es dir immer gut geht, und ich werde bis ans Ende deiner Tage bei dir sein. Du bist doch meine liebe Seelen- und Lebenspartnerin.

Senta und ich haben ein schönes friedliches und stressfreies Weihnachtsfest verlebt – das erscheint mir als großes Privileg, da ich keine Familie habe.

Von Armentarola brauchten wir diesmal nicht zu träumen – wir waren tatsächlich Anfang Dezember einige Tage da und erlebten ein wundervolles Wintermärchen in den Dolomiten.

Schon bei der Ankunft, als wir über einen tiefverschneiten Waldweg gingen, entschied ich, dass wir im März wiederkommen wollten. Wie wahr das werden würde, und dass Senta dann in einer Urne bei mir wäre, konnte ich mir an diesem Tag noch nicht vorstellen. Am letzten Tag vor der Abreise gingen wir noch einmal über die Terrasse, wo unsere Urlaubsbekannten in der Sonne saßen.

Noch nie war es mir so schwergefallen, wegzugehen von diesem wundervollen Ort wie dieses Mal. Senta wollte ja nie dort weg. Immer, wenn wir am letzten Morgen unseren Spaziergang über die Hügel und zum Gaderbach hinunter machten, sagte ich zu ihr: Du kommst auf jeden Fall wieder hierher!

Auf der Rückfahrt übernachteten wir in Seefeld, wo es leider sehr nebelig war und wir kaum hinaus gingen. Senta fraß dort gar nichts. Aber das schob ich auf den Stress der Rückreise und die Trauer über den Abschied von Armentarola.

Wir haben ein schönes Weihnachtsfest gefeiert – mit Kerzenschein, vielen Geschenken für Senta und für mich, mit meiner alten Engelkapelle und der Weihnachtskrippe von Hans Christians „Muttchen". Dazu das Weihnachtsmärchen vom Tannenbaum, Stollen, Plätzchen, Nougat, leckeres Essen und guter Wein. Und viel Musik: am Flügel, von der CD und vom Fernseher.

Am Tag nach Weihnachten haben Senta und ich lange geschlafen, wir erwachten in unserer lichtvollen Wohnung, in der die positive Energie so stark ist und uns die dunklen Zeiten vergessen lässt.

Für den 3. Januar 2022 hatte ich einen Termin beim Tierarzt vereinbart. Denn Senta fraß nicht mehr richtig – so viele Filetsteaks wie in dieser Weihnachtszeit hatte ich ihr noch nie zubereitet. Wir genießen das Leben, ohne schwere Gedanken. Schon in Armentarola, wo wir wundervolle acht Tage verlebten bei herrlichem Schnee, habe ich darauf verzichtet, zum dortigen Tierarzt zu fahren. Der hatte ihr ja bei unserer ersten Reise im September 2016 das Leben gerettet durch eine Gebärmutter-OP, und nun hätte ich ihn fragen wollen wegen dem dicken Knubbel, den Senta seit Wochen am Bauch hat. Aber ich habe es vorgezogen, mit Senta die Tage in Armentarola zu genießen.

Am 3. Januar machte der Tierarzt ein großes Blutbild, es gab einige Auffälligkeiten, die möglicherweise auf eine Veränderung an einem Organ hinwiesen. Ich war sehr erleichtert, als der Tierarzt bei der Ultraschalluntersuchung zwei Tage später nichts Auffälliges fand. Ich zündete noch einmal die Kerzen an unserem kleinen Weihnachtsbaum an und legte eine CD auf. Nach Tagen voller Sorge um Senta hatte ich an diesem Abend wieder Hoffnung. Ich gab ihr allerhand Leckereien und sie fraß mit großem Appetit. Wir waren beide fröhlich – nie hätte ich gedacht, dass Senta schon einen Monat später tot sein könnte.

Am nächsten Tag empfahl mir eine FB-Freundin, die auch Berner Sennenhunde hat, eine Essenz, durch die die Lebensgeister in den Körper zurückkommen sollen. „Ich glaubte nicht, dass Senta schwächer wird", schrieb ich der Freundin. „Sie hat 2016 eine Gebärmutterentzündung überstanden und war zwei Tage nach der OP schon wieder fit. Am 17. Februar 2019 hatte sie eine Magendrehung, ist rechtzeitig operiert worden und hat sich sehr schnell wieder erholt. Dann sind wir nach Bamberg umgezogen. Hier war sie noch nie krank." „Ja sie ist enorm stark. Ich kann mich noch gut erinnern. Und sie ist mit Ihnen glücklich in Bamberg", schrieb mir die Freundin. „Danke, wir sind beide glücklich hier in Bamberg", antwortete ich.

Senta ist krank – hat alles seine Zeit

Heute, am 26. Januar 2022, sitze ich nun hier und beginne endlich zu schreiben. Gestern noch dachte ich, nun ist es zu Ende – unser schönes gemeinsames Leben. Heute habe ich wieder neue Hoffnung und ich arbeitete am Cover des Buches „Senta & ich. Vom Glück des Lebens mit einem Hund“, für das ich bereits das vorletzte Kapitel „Senta ist krank“ geschrieben hatte. Ich wollte das Buch schreiben, solange Senta noch lebte. Die schönen Erinnerungen würden eine positive Stimmung bewirken.

Am Morgen waren wir beim Tierarzt, um endlich abzuklären, woher die ungewöhnlich hohen Leberwerte bei Senta kommen, warum sie seit Wochen nicht mehr richtig frisst, kaum Verdauung hat, trotzdem aber mit mir immer wieder schöne lange Spaziergänge macht, so wie erst am Sonntag, also vor drei Tagen, auch wenn ihr anscheinend oft richtig schlecht ist. Am Abend hatte der Tierarzt mich angerufen und mitgeteilt, dass bei dem zweiten großen Blutbild wesentlich schlechtere Werte vorlagen als noch vor drei Wochen. Die Praxis hatte mir die Werte am Morgen per E-Mail zugeschickt.

Im Morgengrauen hatte ich geträumt, von Senta, von all den schönen Momenten in unserem fast elfjährigen schönen und bewegten Leben. Aber ich fühlte schon, was kommen würde. Ich setzte mich auf die Bettkante und sagte zu Senta: Komm mal her, mein Schatz. Sie aber kam nicht wie gewohnt, um ihren Kopf in meinen Schoß zu legen, sie stand da und wandte mir ihr Hinterteil zu – ich sah mit Entsetzen, dass sie ihren schönen Schwanz eingeklemmt hatte – vor Angst, vor Schmerzen? Mir kamen die Tränen, und schon lag ich neben ihr auf dem Fußboden, umarmte sie und weinte, weil ich sie noch nicht verlieren wollte. Senta lag dann ganz platt und traurig dort auf dem Boden, das machte mir noch mehr Angst. Ich ging zum Computer und schaute die Auswertung des Bluttests an: Erschreckend große Zahlen waren das, wobei ich bis heute gar nicht weiß, wie erschreckend das wirklich ist! Nur die roten Kreuze in der Spalte der Abweichungen sahen furchterregend aus!

Ich dachte sofort: Nun ist es vorbei. Ich werde sie heute gehen lassen müssen. Doch wie würde der Tierarzt reagieren? Würde er bereit sein, zu uns nach Hause zu kommen? Wir kannten uns ja noch nicht allzu lange. Ich ging mit Senta hinaus zum Gassi, sie machte gleich auf der kleinen Wiese vor dem Hauseingang und ging dann eilig mit mir zu der Wiese neben dem Nachbarhaus, wo sie ihr erschreckend kleines Häufchen machte, das ich trotz allem mit einem Plastikbeutel aufhob. Zurück gingen wir ganz langsam, und als ich sie vor dem Hauseingang stehenließ, um das Beutelchen in das Müllhaus zu bringen, legte sie sich auf den Bürgersteig. Ich dachte; oh Gott, die ist schon so schwach, dass sie gar nicht mehr stehen kann. Dabei wollte sie sich nur lecken am Darmausgang – der Tierarzt erklärte mir später, dass die körpereigenen Säfte, die wie eine Vergiftung wirken, wahrscheinlich die Haut am Darmausgang gereizt hätten. Und meine Senta versuchte, das durch Ablecken zu mildern!

Ich fragte Conny, ob sie zu uns kommen könnte und bei Senta bleiben, während ich zum Tierarzt gehen würde. Sie kam und sofort schossen ihr die Tränen in die Augen, als sie sah, wie schlapp Senta dort lag. Sie war genau vor der Wohnungstür liegengeblieben, als wir vom Gassigehen wieder in die Wohnung gekommen waren. Conny und ich schauten uns an und wären fast beide in Tränen ausgebrochen – so schlimm war es, meinen geliebten prächtigen Hund so schwach dort liegen zu sehen.

Ich ging dann los zum Tierarzt und konnte schon auf dem Weg dorthin die Tränen nicht unterdrücken. Er wollte mir ein leberstärkendes Medikament geben, ich erzählte, wie Senta innerhalb von zwei Tagen abgebaut hätte. Er holte dann noch ein Schmerzmittel dazu und ich sagte, dass ich noch eine wichtige Frage auf dem Herzen hätte. Er wusste sofort, was ich meinte, und sagte, ich könne ihn jederzeit anrufen. Er würde dann in der Mittagspause oder am Abend nach der Sprechstunde zu uns kommen, um Senta zu erlösen. Das erleichterte mich sehr.

Bei der Ultraschalluntersuchung am nächsten Tag bekam der Tierarzt plötzlich einen Schreck: Statt eines Tumors, den man hätte vielleicht operieren können, sah er, dass Sentas Leber ganz zersetzt war.

Ein Klinikaufenthalt würde da auch nichts mehr ändern, meinte er, er schlug eine palliative Behandlung vor. Ich hatte wieder ein wenig Hoffnung, nachdem ich doch schon für diesen Tag damit gerechnet hatte, dass er Senta einschläfern würde.

Am Abend hatten wir Besuch von einer Freundin mit ihrem Hund. Da kam Senta sogar ins Wohnzimmer, um den anderen Hund im Blick zu behalten. Ich zeigte der Freundin das neue Buchcover und las den Klappentext vor. Senta reagierte ganz stark auf den Namen „Hans Christian". Würde sie an seinem Todestag, nächste Woche Donnerstag, zu ihm gehen? Ich erzählte, wie ich im September 2016 in Armentarola immer zu ihm gesagt hatte: „Du bekommst Senta noch nicht." Zwei Monate später war Sentas Mama Susi gestorben und ich glaubte, dass sie jetzt bei ihm war.

In der Nacht wachte ich aus dem Tiefschlaf auf – um 4 Uhr morgens fing Senta an, sich zu übergeben. Ich habe dann erstmal geputzt. Ich versuchte, wieder einzuschlafen, gelassen zu sein und abzuwarten, wie sich alles entwickeln würde. Senta sollte es gut haben bis zu ihrer letzten Stunde – aber sie sollte nicht leiden. Und ich auch nicht.

Das große Geschenk der Liebe

„Heute Abend liegt sie teilnahmslos in der Diele", schrieb ich. „Mir bricht es das Herz, das mit anzusehen. Wir können morgen wohl nicht mehr unseren Hainspaziergang machen."

Immer wieder las ich, was José Arce mir geschrieben hatte:
Ich verstehe, wie schwer es dir fällt, und vielleicht ist es dir eine Hilfe, dass ich denke, so lange ein Hund noch Freude am Leben zeigt, egal wie schwer es ihm fällt zu fressen, aber er im Endeffekt noch genug frisst, ist es doch ein Zeichen, dass dieser Hund noch nicht bereit ist zu gehen.

„Nun frisst sie schon seit zwei Tagen nichts mehr, auch keine Leckerli und kein Hühnchenfleisch." Ich schrieb:

„Sie kommt nicht mehr zu mir ins Wohnzimmer."

Als ich das aufschrieb – stand sie auf und kam zu mir. Das war eine unvergessliche Stunde – oder war es nur eine halbe Stunde? Ich weiß es heute nicht mehr.

Es war so kostbar und wertvoll wie unser ganzes gemeinsames Leben. Senta schaute mich an – ich schaute Senta an. Wir beide hatten eine innige Zeit der Zwiesprache. Alles, was noch ungesagt war, wurde hier gesagt – ohne Worte.

Immer wieder bot ich ihr ihre guten Leckerli an – aber sie rührte sie nicht an. Zum Schluss nahm sie „mein" Leckerli – ein Stückchen Käsegebäck. Das war das letzte, was Senta in ihrem Leben gefressen hat! Es war ein ganz starker Liebesbeweis für mich. Unsere Zwiesprache – ich kann das nicht aufschreiben. Es war unbeschreiblich schön.

Wir gingen noch einmal hinaus auf die Straße – das war das letzte Mal, dass ich mit ihr auf der Straße war. Sie hat ganz viel Regenwasser getrunken, denn heute hatte es ergiebig geregnet. Und dann lag sie wieder teilnahmslos in der Diele.

Am liebsten hätte ich mich mit jemandem beraten. Aber da kam Senta zu mir. Nun musste ich es ganz alleine entscheiden. Senta hat mir geholfen durch diese ergreifenden Momente unseres Abschieds. Sie hat mir ein ganz großes Geschenk gemacht. Sie hat mir gezeigt:

Es ist egal, ob ich sterbe. Ich bin immer bei dir. Jetzt und in alle Ewigkeit. Ich habe keine Angst vor dem Sterben – Hauptsache, du bist in meinem letzten Moment nahe bei mir. Wir beide hatten ein wunderschönes Leben zusammen – jeder Tag war einfach schön. Wir waren 10 Jahre und sieben Monate zusammen – in dieser Zeit waren wir kaum getrennt. Nur zweimal, als du ins Krankenhaus musstest. Da durfte ich nicht mit. Die acht Tage nach Herrchens Tod – aber da ging es mir gut, denn der Betreuer wohnte bei mir. 1,5 Jahre später musstest du für 12 Tage in die Klinik – ich habe unser Haus bewacht und die Frau vom Tierservice Fehmarn kam immer zu mir. Danach kam unsere Hundefreundin. Und nach diesem Krankenhausaufenthalt hast du mich öfter alleine zu Hause gelassen, wenn du nach Bamberg gefahren bist. Ich habe immer gut aufgepasst und mich gefreut, wenn du wieder da warst. Oft durfte ich in dieser Zeit bei unserer Hundefreundin wohnen.

Abschied

An diesem Abend wurde mir klar, dass ich bald den Tierarzt rufen müsste. Senta hatte sehr deutlich und intensiv Abschied von mir genommen.

In der Nacht schlief ich tief und traumlos und erwachte morgens um 5. Senta stand sofort auf und ich wusste, als ich mich anzog, das würde jetzt nicht nur ein kurzer Gang ins Freie werden. Ehe ich fertig angezogen war, war Senta schon ins Wohnzimmer gelaufen und lag – alle Viere von sich gestreckt – auf dem Boden.

Ich schleppte sie auf die Terrasse, hielt sie ganz fest – denn ich glaubte, dass sie in diesem Moment sterben würde. Aber sie war ganz ruhig und hat auch meine Anwesenheit sehr genossen. Ich habe sie gestreichelt und beruhigt. Ihr Atem ging immer flacher, und der Puls war schwach. Gegen 6 Uhr rief ich Conny und meine Nachbarin an – die Freundin kam dann auch, so dass immer einer von uns dicht bei Senta war, während ich versuchte, den Tierarzt zu erreichen.

Der Tierarzt wollte mittags nach der Praxis kommen, und so hatte ich den ganzen Vormittag Zeit, mich von meiner geliebten Seelenhündin zu verabschieden.

Ich sprach mit Senta, voller Dankbarkeit für unser schönes gemeinsames Leben. Ich erzählte ihr, dass sie nun bald ihr Herrchen wiedersehen würde, ihre Mama, ihren Papa und auch meine Mama.

Ich spielte ihr das Lied „Lalelu“ auf dem Flügel vor, wie sie es in ihrer Babyzeit immer gehört hatte. Wie fast jeden Abend spielte ich die CD mit den Nocturnes von Chopin ab – ganz leise, so dass Senta das als ganz vertraute Musik empfinden konnte. Dann spielte ich ihr das Lied „Südtiroler Sterne“ vor, das wir in Armentarola so oft abends auf der dunklen Wiese gehört hatten. Und immer, wenn ich im Auto die CD der Kastelruther Spatzen spielte, hatte ich zu Senta gesagt: „Hör mal, unser Lied.“ Das sagte ich jetzt auch zu ihr.

Der Tierarzt hat den Moment des Abschieds sehr liebevoll und friedlich gestaltet. Er erklärte mir ganz ruhig, wie er vorgehen würde: Zuerst eine Narkosespritze setzen und dann die tödliche Spritze ins Herz. Ich kniete mich hinunter und umarmte Senta, mein Körper eng an sie geschmiegt, mein Kopf lag an ihrem. Ich konzentrierte mich ganz auf meine Senta, und als ich den Tierarzt anschaute, sagte er, es ist schon alles vorbei. Um 13.15 Uhr war meine geliebte Senta erlöst.

Kurz darauf war unser Wohnzimmer lichtdurchflutet – obwohl es eigentlich ein dunkler Tag mit einem stark bewölkten Himmel war. Die Sonne war herausgekommen zu Sentas Abschied!

Zwei Freunde erzählten mir später, dass sie einen Regenbogen gesehen haben – genau zu der Zeit, als Senta gerade gestorben war.

Eine Botschaft von Senta – wie lieb ich dich hatte

Eine Woche nach Sentas Tod, am 12. Februar 2022, versuchte ich am Abend Kontakt mit Senta aufzunehmen. Und dann hörte ich sie und schrieb ihre Worte in mein Macbook.

Am nächsten Tag konnte ich es kaum glauben, was ich da las. Es war ohne jeden Tippfehler geschrieben. Ich habe an dem Text nichts verändert:

Mein geliebtes Frauchen, meine Seelenfreundin,

als ich zu euch kam, habe ich es gleich gemerkt: Du konntest mich nicht lieben, weil du all deine Liebe deinem Mann gegeben hast – es gab für dich nur ein Ziel: Er sollte wieder gesund werden.

Und so beschloss ich, dir zu helfen und ihn zu lieben. Und er war so dankbar, er gab mir, der kleinen Berner Sennenhündin, all seine Liebe zurück. Mir ging es so richtig gut damals bei euch, denn du warst ja immer für mich da. Ich habe leckeres Futter bekommen und durfte in eurem schönen Garten spielen. Im Sommer hast du mir ein kleines Schwimmbecken aufgebaut – aber ich mochte gar nicht schwimmen. Auch als du mit mir zum Strand gefahren bist, traute ich mich nur immer ganz vorne ins Wasser, da wo es seicht war. So brauchte ich nie schwimmen zu lernen.

Und irgendwann bin ich nicht mehr ins Auto gestiegen, weil es Herrchen immer schlechter ging. Da wollte ich ihn nicht alleine lassen. So gerne sprang ich zu ihm ins Bett, aber du hast immer etwas gefunden, damit ich das nicht schaffte. Ich habe mich sehr gewundert, denn du wolltest doch immer nur das Beste für ihn!

Einmal habe ich es geschafft, zwischen euch beiden zu liegen. Du hattest Geburtstag, warst schon früh aufgestanden, weil das Telefon klingelte, und als du mit deiner Freundin gesprochen hast, bin ich zu Herrchen ins Bett gesprungen. Zum Glück kamst du dann in dein Bett, und wir drei waren endlich eine glückliche Familie. Trotzdem wurde Herrchen nicht wieder gesund.

Eines Tages habt ihr gespannt gewartet, ein Krankenwagen sollte kommen. Ich saß ganz lieb neben meinem Herrchen, aber du hattest Angst und hast mich in die Küche gesperrt. So konnte ich nicht helfen, als die Männer mein Herrchen abgeholt und in den großen Wagen gebracht haben. Ich durfte nicht mitfahren, sondern musste alleine zu Hause bleiben. Denn du bist hinterher gefahren in die große Klinik, wo man mein Herrchen hingebracht hatte.

Ganz traurig bist du zurückgekommen, ich habe versucht, dich zu trösten. Aber am nächsten Morgen bist du wieder dorthin gefahren und kamst noch trauriger zurück. Herrchen würde sterben, hatte man dir gesagt. Aber mich hast du nicht zu ihm mitgenommen, Hunde dürfen dort nicht hinein, so hieß es.

Dann kamst du nach Hause und statt zu weinen hast du begonnen, all unsere Bücher zu zählen, die wir in unserem Verlag schon hatten. Am Abend hast du in der Klinik angerufen, aber sie wussten nichts Neues.

Wir beide haben gemütlich auf meinem Sofa gesessen, aber du hast immer noch nicht gemerkt, wie lieb ich dich hatte. Du hast ein wenig geweint, und dann hast du mir von Armentarola erzählt, dem Ort, wo Hunde und Menschen gleichermaßen glücklich sein können. Das hörte sich für mich an wie das Paradies.

Du hast aus deinem Buch vorgelesen und wir beide haben eure Reisen nach Armentarola noch einmal gemacht – ich bin einfach deinen Gedanken gefolgt und sah wunderschöne Blumenwiesen, grüne Hügel, einen rauschenden Bach.

Am nächsten Morgen bist du schon ganz früh, noch im Dunkeln, losgefahren mit Marlen, und Hansi blieb bei mir. Ich habe all meine Liebe zu dir und Herrchen geschickt, aber als du nach Hause kamst, warst du ganz traurig, weil Herrchen unsere Welt verlassen hatte. Am nächsten Tag bist du mit mir durch das Dorf gelaufen, wir haben Briefe verteilt, damit alle Nachbarn Bescheid wussten. Leute kamen in unser Haus, und ich habe so viele Tränen gesehen wie noch nie.

Ich habe immer versucht, dich fröhlich zu stimmen, denn ich wusste doch, dass es meinem Herrchen jetzt gut ging. Aber du hast das nicht gemerkt, dass ich dich glücklich machen wollte.

Bis zu dem Tag, als der Bauer über unseren Zaun stieg und quer durch unseren Garten ging. Du hast ihn gefragt, was er wollte, er hatte nur eine Ausrede. Dann warst du weg und kamst später weinend zurück, Herrchen aber kam nicht wieder. Oh Mann, habe ich gedacht, dem Bauern werde ich es aber zeigen! Seine Spur begann ja in unserem Garten, ich habe sie verfolgt durch das Dorf und habe sein Haus gefunden – dort hast du mich wieder eingefangen und nach Hause gebracht. Ich war ganz stolz, denn du hast dann die Bäuerin angerufen und ihr gesagt, dass du ihnen nicht mehr erlaubst, einfach über den Zaun in unseren Garten zu kommen!

Und dann war ich richtig glücklich, als du sagtest, jetzt wollen wir Herrchen besuchen. Wir sind die lange Straße entlang gewandert – ehrlich, ich habe viele Kaninchen gerochen, aber ich musste doch auf dich aufpassen! Und dann wusste ich den Weg, denn ich konnte mein Herrchen riechen, auch wenn er schon eine Woche von zu Hause weg gewesen war! Wir gingen auf den Kirchhof und ich zeigte dir den Weg zu dem Ort, wo er war – du nanntest es sein Grab. Den Namen hatte ich noch nie gehört, aber ich sah so viele schöne Blumen, so wie wir sie sonst zu Herrchens Geburtstag hatten – und schon fand ich Herrchen, er hatte sich unter den Blumen versteckt. Und ich war so richtig glücklich, wieder bei ihm zu sein.

Wir gingen noch ein paarmal die Straße entlang zu Herrchen, aber dann blieben wir zu Hause, wo es ganz still geworden war. Niemand kam mehr zu uns, und nun konnte ich dir wieder zeigen, wie lieb ich dich hatte. Aber du wolltest das nicht, du hast jemanden angerufen und gefragt, ob ich zu ihm kann. Der wollte das aber auch nicht, auch wenn er vorher immer Leckerchen geworfen hatte, wenn er zu uns kam. Dabei hattest du ihn schon nicht mehr zu Herrchens Geburtstag eingeladen, weil Herrchen seine Behandlung nicht mehr wollte.

Ich habe ja immer versucht, Herrchen zu schützen, und dann hast du endlich gemerkt, dass der Mann es nicht so gut meinte mit Herrchen. Und er durfte nicht mehr zu uns kommen. Und dann wolltest du mich zu ihm schicken! Aber ich habe ihn innerlich so angeknurrt, dass er mich nicht wollte. Einmal haben wir ihn noch besucht und er wollte zu Herrchen gehen auf dem Kirchhof. Denn zu Herrchens Ab-

schiedsfeier war er nicht gekommen. Mann, war ich froh, als du das endlich gemerkt hast, dass wir beide zusammen gehören – ich zu dir und du zu mir.

Nun hatte ich neue Aufgaben, denn es kamen immer wieder fremde Leute, vor denen ich dich beschützen musste. Irgendwie hast du es dann auch gemerkt, und wir beide wurden ganz gute Freunde. Niemand durfte unser Haus betreten, der es nicht gut mit dir meinte. Und es kamen einige, die wir beide gern hatten. Einer ist noch heute unser Freund, leider wohnt er nicht bei uns in der Nähe, weil wir doch jetzt nicht mehr auf der Insel, sondern in der Stadt wohnen. Er hat uns aber schon einmal besucht, da habe ich mich so gefreut!

Und dann gingen wir beide auf eine ganz große Reise – nach Armentarola, wie du mir erklärt hattest. Ich dachte, das wäre im Himmel, weil Herrchen ja dorthin gegangen war, nachdem wir in der Nacht die erste Reise nach Armentarola gemacht hatten. Danach war Herrchen nicht mehr nach Hause gekommen. Und so wollte ich dich auch beschützen und wurde krank. Du aber bist mit mir nach Armentarola gefahren und ein ganz netter Doktor hat mich operiert. Zwei Tage danach war ich wieder gesund und wusste, nun liebst du mich von ganzem Herzen. Und so fuhren wir bald wieder nach Armentarola, das war noch viel schöner als beim ersten Mal, weil ich etwas kennenlernte, was ich noch nicht kannte: Schnee. Wie glücklich war ich, im Schnee zu versinken, zu toben, daran zu lecken! Und ich spürte, dass ich dich damit auch glücklich machen konnte.

Nun begannen wunderschöne Jahre für uns, wir beide haben viele Reisen gemacht, viele nette Leute kennengelernt, und ich musste dich gar nicht mehr so oft beschützen. Denn du hast selber auf dich aufgepasst – und auch auf mich.

Ich war immer glücklich, wenn wir wieder in Armentarola waren und ich über die Hügel zum Bach rennen konnte oder in dem Brunnen trinken durfte. Mein liebes Frauchen, das waren unsere allerschönsten Jahre! Aber dann spürte ich, wie sich etwas veränderte: Die Leute fragten immer, ob ich schon ein alter Hund sei, aber du sagtest, nein, Senta ist doch erst 8 Jahre alt! Als ich 9 wurde, warst du ganz traurig, weil du dachtest, ich wollte dich schon verlassen. Auch ich war traurig, weil meine Hundefreundin Luna sich ganz plötzlich verabschiedet hatte. Wir hatten doch immer so schöne Spaziergänge am Strand gemacht!

Als ich 10 wurde, musste ich dir erzählen, dass ich spürte, wie sich etwas veränderte. Du warst enttäuscht, dass ich meine Geburtstagstorte nicht gefressen habe und auch keine Freude mehr an den vielen bunten Päckchen hatte, die du liebevoll für mich auf den Tisch gelegt hattest. Nur eins habe ich ausgepackt und das Leckere darin aufgefressen. Immer wieder habe ich dir dann gesagt, dass es mir nicht so gut ging – aber du hast nur gemeint, ich soll nicht so laut sein. Ja, ich habe viel gebellt letzten Sommer, denn ich wollte dich doch weiter beschützen. Wenn du eingeschlafen warst, habe ich dich geweckt, damit ich nach draußen auf die Terrasse konnte. Ich spürte, dass uns etwas bedrohte.

Eines Tages hatte ich einen dicken Knubbel am Bauch – ich hatte ihn schon lange gespürt, und du hast dann einen großen Schreck bekommen, als du ihn beim Kraulen meines Bauches am Morgen entdeckt hast. Immer hast du gehofft, dass er wieder verschwindet, aber er wurde immer größer. Der nette Doktor meinte, das sei nichts Schlimmes, und so waren wir wieder mal glücklich in Armentarola.

Aber dann spürte ich eine neue Gefahr für uns, ich versuchte, dich darauf aufmerksam zu machen. Aber du hast das gar nicht gemerkt. Bis ich weniger gefressen habe und dann krank wurde. Ich habe dann ganz laut gebellt, als der Mann zu uns kam, vor dem ich Angst hatte. Endlich hast du es auch gespürt, wieviel negative Energie er in unser Zuhause brachte.

Mein liebes Frauchen, ich war dann bald ganz schrecklich müde und konnte all die leckeren Sachen, die du mir immer gegeben hast, nicht mehr vertragen. Du hast sogar für mich gekocht und mir leckere Steaks gebraten. Immer noch dachte ich, ich muss dich beschützen – aber der Mann kam nicht mehr und du hast auch gar nicht mehr an ihn gedacht. Das habe ich ganz deutlich gespürt – und als ich merkte, wie du an einen anderen Hund dachtest, wusste ich, dass ich nun gehen konnte. Zu meinem Herrchen, denn der hatte schon lange auf mich gewartet. Ich wusste, dass du einen neuen Beschützer haben würdest. Und so konnte ich in Frieden einschlafen.

Nach meiner Reise über den Regenbogen bin ich bei Herrchen angekommen und da habe ich meine Mama Susi wiedergetroffen! Sie hat all die Jahre auf Herrchen aufgepasst! Und deine Mama habe ich auch getroffen! Nun passen wir alle vier auf dich auf – wenn du in der Nacht zum Himmel schaust, wirst du vier lachende Sterne sehen. Und das sind wir! Du hast mir versprochen, dass ich wieder nach Armentarola zurückkehren darf – nun bin ich gespannt auf unsere nächste Reise. Und wenn du dort die Südtiroler Sterne siehst, dann bin ich einer davon und lache dir blinkend zu.

Empfangen von Senta am Sonntag, 13. Februar 2022, 1.01 Uhr

Sentas erster Geburtstag im Himmel

Ich vermisse dich sehr, meine kleine Senta – heute hast du Geburtstag! Es ist für mich ein glücklicher Tag! Auch wenn du heute schon im Himmel bist und ganz bestimmt mit deinem Herrchen, deiner Mama und deinem Papa deinen Geburtstag feierst! Aber wir haben ein schönes gemeinsames Leben gehabt.

Elf Jahre ist es schon her, dass du geboren wurdest. Mit vier Wochen sah ich dich zum ersten Male und habe mich sofort in dich verliebt. Ganz anders als die anderen Welpen hast du mir den Rücken zugekehrt und so getan, als interessierte ich dich nicht. Das hat mir gefallen.

Wir haben schöne Jahre miteinander verlebt, voller Freude, Überraschungen, zerbissener Bücher und angeknabberter Möbel. Dein Herrchen war glücklich, dass du bei ihm warst. Und du auch, wenn du auf ihn aufpassen oder ihm das Leberwurstbrötchen aus der Hand klauen konntest. Umso trauriger warst du, als er nicht nach Hause zurück kam. Du hast dann den Weg zu seinem Grab sofort gefunden. Wir beide haben zusammen geweint und getrauert – und wir sind glücklich geworden. Ein starkes Team!

Vor sechs Jahren haben wir beide einen Workshop mit José Arce bei uns auf Fehmarn gemacht, damit du im Auto mitfahren konntest. „Willkommen im Leben", sagte er zu uns. Und damit begann eine glückliche Zeit – denn dann sind wir jeden Tag zum Strand gefahren und haben dort lange Spaziergänge gemacht. 16-mal waren wir zusammen in Armentarola hoch oben in den Dolomiten, und beim letzten Mal habe ich dich zur ewigen Ruhe dorthin gebracht. Du hast den Brunnen und die Hügel vor dem Hotel so geliebt und hast gerne in dem wilden Bergbach gebadet.

Das größte Abenteuer aber war unser Umzug nach Bamberg. Du hast die Spaziergänge im Hain geliebt, wo du in der Regnitz baden konntest. Noch eine Woche, bevor du mich verlassen hast, waren wir dort. Du hast unsere große Dachterrasse und unser Zuhause geliebt, wo wir so nah am Wasser sind.

Wir waren zusammen an vielen Orten – und überall liebten dich die Menschen, schauten uns lächelnd entgegen oder blieben stehen und fragten, ob sie dich streicheln dürfen. Wie oft haben wir gehört: „So ein schöner Hund". Und vor einem Jahr sagte ein Hundebesitzer im Hain: „Du hast eine großartige Ausstrahlung, du bist der einzige Hund, den sein Beagle nicht anbellt, sondern mit Respekt begegnet. Du hast eine gute Erziehung."

So ein Hund müsste eigentlich ewig leben – das ist nicht nur meine Ansicht. Du bist ein ganz besonderer Hund, meine liebe Senta – ich bin traurig, weil wir deinen Geburtstag heute nicht zusammen feiern können. Denn ich hätte mir noch viele schöne Jahre mit dir gewünscht. Aber ich habe mein Versprechen gehalten, und das Buch „Der Himmel hat einen neuen Stern. Abschied vom Seelenhund" gestern Abend fertig gestellt. Es ist dein Vermächtnis!

Alles Liebe, dein Frauchen Bamberg, 3. Mai 2022

Und dann kam Frieda – die Liebe hört niemals auf

Am 8. September 2022 kam Frieda, eine kleine Berner Sennenhündin aus Delingsdorf in Schleswig-Holstein zu mir. Fast vier Monate nach meinem 70. Geburtstag wurde ich noch einmal Hundemama. Auch wenn manche Leute meinten: Dafür bis du schon zu alt! Warum eigentlich? Ich bin doch noch nicht 90, sondern „erst“ 70.

Wann ist man denn „zu alt“ für etwas im Leben? Wenn man sich nicht mehr verändern möchte, wenn man bequem geworden ist und vor allem: wenn einem der Lebensmut abhanden gekommen ist?

Ich habe lange darüber nachgedacht, gelesen und Gespräche geführt, nachdem meine geliebte Seelenhündin Senta mich schon vor mehr als einem halben Jahr verlassen hat. Immer noch fließen die Tränen, wenn ich an jedem Samstag an den 5. Februar 2022 denke. Aber Glück kann ohne Trauer nicht sein – ich bin so glücklich über die schönen langen Jahre, die wir gemeinsam erlebt haben.

Sogar mein Hausarzt hat mir neulich das Versprechen gegeben, mir ein Attest FÜR einen Hund auszustellen.

Und ich habe all die schweren Belastungen der 11 Jahre mit Senta ganz gut gemeistert und eine Menge Lebenserfahrung, Mut und Kraft gewonnen.

Ein Buch hatte mich besonders beeindruckt: „Kein Leben ohne Hund“ von Norbert Körzdörfer, der ein ganzes Jahr brauchte, ehe er über einen neuen Hund nachdachte.

Hierin las ich am 15. Juni 2022:

**Ein Jahr ohne Hund schenkt Freiheit.
Die Leine des Lebens ist durchschnitten.
Nichts hält dich.
Nichts bindet dich.
Nichts braucht dich.
Nichts wartet auf dich.
Aber nichts ist nicht das Leben.**

Da wusste ich: Ich möchte keine Freiheit ohne einen Hund. Am nächsten Tag habe ich mich entschieden, für einen neuen Berner Sennenwelpen.

Conny hatte mir bereits fest zugesagt, dass sie Hundepatentante werden wird. Zwei hundeerfahrene Nachbarinnen würden zwar nicht Patentante werden, aber sie würden meinen Hund jederzeit aufnehmen, falls es mal notwendig sein sollte.

Nach dem Gespräch mit meiner Wahltochter konnte ich die letzte Frage vor der Anschaffung eines Hundes mit einem ganz klaren JA beantworten. „Aber außerdem überlebst du den Hund ja sowieso“, hatte Birgit mir dann noch gesagt.

Zwar hatte ich schon vorsichtige Kontaktversuche zu einem Hundezüchter gestartet – aber als keine Reaktion kam, sagte ich mir:

Vertraue dem Leben. Alles kommt zur rechten Zeit.

Und außerdem wollte ich am Sonntag erst einmal nach Armentarola verreisen. Alleine.

Und am Samstag, 18. Juni 2022 sah ich plötzlich auf Facebook eine Wurfankündigung.

Ich ging auf die Homepage *Berner Sennenhunde von Delingsdorf* und wusste, dass ich etwas gefunden hatte, was ich (unbewusst) schon lange gesucht hatte:

Ein großer Hof mit Pferden und Hunden in Schleswig-Holstein – eine ganze Berner Familie lebte dort! In die Hündin Daisy auf der Titelseite verliebte ich mich sofort!

Die Fotos zeigten mir die Züchterin Frauke Daerr, die diesen Hof offenbar mit ganz viel Liebe zu ihren Tieren führte.

Meine E-Mail wurde gleich beantwortet und schon am Abend telefonierten wir ausgiebig miteinander und setzten das Gespräch später über WhatsApp fort.

Das Universum hatte prompt reagiert auf meinen Wunsch nach einem Welpen – und das Gesetz der Anziehung hatte offenbar auch funktioniert.

Ich schrieb: „Danke danke danke – ich glaube, ich habe heute gefunden, was ich (unbewusst) gesucht habe." Und Frauke antwortete:

Gerne ... ich freue mich, wenn ich Leute glücklich machen kann, wenn sie durch einen Berner Leuchten in den Augen haben.

Ich daraufhin:

Ja, die Augen leuchten – und das Herz singt.

In der Nacht vor meiner Abreise nach Armentarola konnte ich kaum schlafen – und ob du es glaubst oder nicht: Ich habe Senta bellen hören, die mir ihre Zustimmung zu ihrer Nachfolgerin mitgeteilt hat. Ich nehme an, dass sie mir die kleine Frieda geschickt hat! Denn in der ersten Nacht in Armentarola blinkte einer der Südtiroler Sterne ganz besonders hell!

Am 7. Juli dann kamen Daisys Welpen zur Welt – und meine verloren gegangene Lebensfreude kehrte schlagartig zurück! Zwar sahen die Welpen für mich erst einmal alle ziemlich gleich aus, aber am 18. Juli entschied ich mich für Frieda!

Am nächsten Tag wünschten mir Daisy und Frieda einen guten Morgen.

Am 8. August 2022 war ich dann in Delingsdorf und durfte die kleine Frieda zum ersten Mal auf den Arm nehmen.

Dieser Besuch war ein tolles Erlebnis: Ich glaube, so viele Hunde habe ich noch nie auf einmal gesehen: 7 große Hunde, davon 5 hübsche Berner, und dann die 19 Welpen, die Züchterin Frauke Daerr zum ersten Mal alle gleichzeitig freigelassen hat (9 sind ja eine Woche jünger, von Mama Nike).

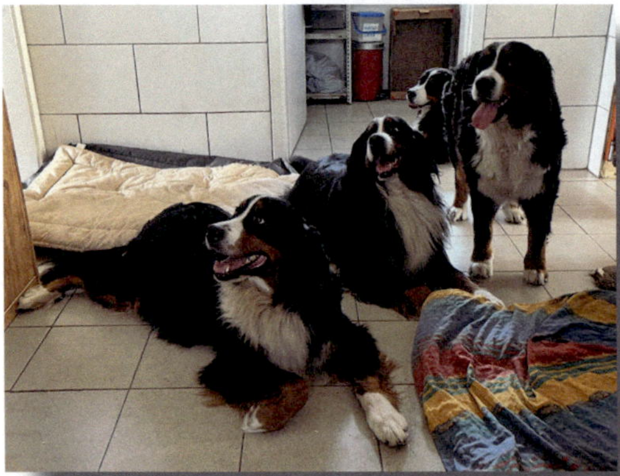

Stell dir vor, ein paar von den Kleinen haben versucht, bei Daisy (der Mama der Großen) zu trinken und sie hat es sich gefallen lassen! Ich war wirklich überwältigt. Der absolute Star ist natürlich die kleine Frieda für mich. Vorerst sollte sie noch fast vier Wochen bei Frauke, ihrer Mama Daisy, ihrem Papa Phil und ihren Geschwistern bleiben.

Schon kurze Zeit später, am 8. September, holten die Hundepatentante Conny und ich Frieda bei ihrer Familie in Delingsdorf ab. Als ich die kleine Frieda auf dem Arm zum Auto trug, erlebte ich den für mich glücklichsten Moment in diesem Jahr 2022.

Glück pur

Am Abend kamen wir mit der kleinen Frieda glücklich zu Hause an.

Es war sehr bewegend auf dem Hof von Frauke Daerr in Delingsdorf – unsere kleine Frieda hat die lange Heimreise von fast 9 Stunden völlig stressfrei geschafft.

Sie erkundete unsere Wohnung und die Umgebung – und wir haben gut und fest geschlafen in den ersten Nächten.

Das Büro mochte sie gleich vom ersten Tag an – auch heute noch ist hier ihr Lieblingsplatz, wenn ich arbeite oder telefoniere.

... und die Liebe hört niemals auf

Senta – geliebt und unvergessen

Viele Tränen wurden noch geweint, denn meine geliebte Senta ist und bleibt unvergessen. Aber die kleine Frieda wirbelte mein Leben kräftig durch und brachte auch schließlich Heilung von der Trauer um Senta. Ich kreierte den Kalender „Senta – geliebt und unvergessen“ mit den schönsten Fotos von Senta und schrieb weiter an dem Buch „Senta & ich. Vom Glück des Lebens mit einem Hund“, das du jetzt in den Händen hältst.

Die Berner Sennenhündin Senta, geb. 3. Mai 2011, hat mit Dr. Beate Forsbach, geb. 20. Mai 1952, seit 2. Juli 2011 auf der Ostseeinsel Fehmarn, und vom 24. Juli 2019 bis 5. Februar 2022 in Bamberg gelebt.

Auswahlbibliographie

Arce, José: *José Arce's Praxisbuch. Individuelle Wege zum perfekten Mensch-Hund-Team*. Gräfe und Unzer Verlag, München 2016

Arce, José: *Liebe deinen Hund. Wie Sie beim Gassigehen die Beziehung stärken*. Gräfe und Unzer Verlag, München 2019

Arce, José: *Meine 5 Geheimnisse für eine glückliche Mensch-Hund-Beziehung*. Gräfe und Unzer Verlag, München 2014

Dahlke, Ruediger, Baumgartner, Irmgard: *Das Tier als Spiegel der menschlichen Seele*. Goldmann Verlag, München 2016

Forsbach, Beate: *Der Himmel hat einen neuen Stern. Abschied vom Seelenhund*. Edition Forsbach, Bamberg 2022

Forsbach, Beate; Daerr, Frauke: *Und dann kommt Frieda. Ein etwas anderes Welpenbuch*. Mit einem Geleitwort von José Arce. Edition Forsbach, Bamberg 2023

Hallström, Lasse: *Hachiko. Eine wunderbare Freundschaft*. DVD. Prokino 2010

Hay, Louise; Kessler, David: *Abschied von Haustieren*. In: *Heile dein Herz. Wege zu Liebe und Kraft bei Trennung, Verlust und Abschied*. Allegria Verlag, Berlin 2014

Körzdörfer, Norbert: *Kein Leben ohne Hund: Für Ruby*. Diederichs Verlag, München 2012, S. 139

Orrù-Benterbusch, Susanne: *Was dir mein Herz noch sagen wollte. Hundebotschaften, die die Seele berühren*. 6. Auflage, Schirner Verlag, Darmstadt 2018

Radinger, Elli H.: *Die Weisheit alter Hunde. Gelassen sein, erkennen, was wirklich zählt. Was wir von grauen Schnauzen über das Leben lernen können*. 10. Auflage, Ludwig Verlag, München 2018

Raßloff, Sylvia: *Tierkommunikation und Energetik*. www.tiere-verstehen.com

Rütter, Martin: *Hund – Deutsch. Deutsch – Hund*. Langenscheidt, Berlin 2009

Schneider-Weissbaum, Anita: *Berner Sennenhund. Das große Rassehandbuch*. Müller Rüschlikon Verlag, Stuttgart 2007

Danke

Dieses Buch verdankt anderen Menschen sehr viel. Ein glückliches Leben mit einem Hund ebenfalls, vor allem auch vielen Menschen mit ihren Hunden. Nicht alle habe ich in meinem Buch erwähnt, aber ich habe an alle gedacht und mich an unsere schönen Erlebnisse erinnert.

So bedanke ich mich für eure Freundschaft und besondere Momente: Karin mit Jenny, Renée & Lothar mit Karla, Anja mit Bonny, Martina mit Luna, Angelika mit Emma, Marlene mit Paul, Rudi mit Rocky, Conny, Elke, Michaela mit Mexchen, Marion mit Kiko, Dorothee, Joachim, Thomas, Birgit, Jeanne & Wilfrid, Yusuke & April, Kerstin, Ellen, Vladi, Dennis, Rosella & Roberto, Stefano & Mariagrazia.

Dankbar bin ich auch allen Freunden auf Fehmarn, in Bamberg und in Armentarola, und auch all den unbekannten Menschen, die auf Facebook so großen Anteil genommen haben – Senta hatte so viele Freunde!

Meinem Mann Hans Christian bin ich dankbar für seinen lebenslangen Wunsch nach einem „Hündchen“ und seiner Liebe zu Senta. Ohne ihn hätte ich Senta nie in unser Leben geholt und wäre nach seinem Tod sehr einsam gewesen.

Ich bin meiner Seelenhündin unendlich dankbar für unser gemeinsames Leben. Senta hat mir jeden Tag aufs Neue gezeigt, worauf es ankommt im Leben: Beisammen sein, zueinander stehen, aufrichtig sein in den Gefühlen, den anderen trösten und ihm Mut geben, wenn es notwendig ist, Freude und Trauer miteinander teilen, fröhlich sein, gemeinsam am Strand spazieren gehen und auf Reisen sein, aufs weite Meer schauen und an die Lieben denken, die schon jenseits des Horizonts, jenseits der Regenbogenbrücke leben und auf uns warten, bis wir uns eines Tages wiedersehen. In den Bergen von Armentarola auf die jahrtausendealten Berge schauen, Mut und Kraft bekommen und an die Lieben oben im Himmel denken. Ich werde immer wieder zu den Sternen hinaufschauen: Dort, wo wir früher immer drei Sterne gesehen haben – Hans Christian, meine Mama und Sentas Mama Susi – dort werde ich nun vier Sterne sehen.

Bei unserem Tierarzt Dr. Torsten Keil bedanke ich mich herzlich für die liebevolle Behandlung und für seinen einfühlsamen Besuch an Sentas letztem Tag. Dabei habe ich tiefen Frieden empfunden.

Ein großes Dankeschön geht an José Arce für den persönlichen Workshop auf Fehmarn, das Seminar und die vielen guten Ratschläge.

Ich bedanke mich bei Sentas Züchterin Jessy Kopp für ihr Vertrauen, als sie mir Senta gab.

Und schließlich bedanke ich mich herzlich bei Friedas Züchterin Frauke Daerr. Sie war es, die mir am Abend unseres Kennenlernens, als ich ihr von diesem Buch erzählte, schrieb: Und das Buch endet dann mit dem Kapitel „Und dann kam Frieda". Und sie tröstete mich herzlich, als ich am nächsten Tag ganz allein, zum ersten Mal ohne Hund, in Armentarola angekommen war: „Beim nächsten Mal mit Frieda!"

Ein Dankeschön und ein Leckerli geht auch an Frieda, meine junge Berner Sennenhündin: Sie ist nun mein Verlags-Maskottchen als Nachfolgerin von Senta. Auch sie weiß inzwischen, wann es besser ist, Frauchen nicht beim Schreiben und Telefonieren zu stören. Sie kennt aber auch die richtigen Momente, wenn wieder ein Spaziergang im Wald oder im Bamberger Hain angebracht ist.

Bamberg, im August 2023 Beate Forsbach

Frieda, das Verlags-Maskottchen

Zur Autorin

Beate Forsbach, Dr. phil., geb. 20. Mai 1952 in Weddinghusen/Norderdithmarschen, lebt mit der Berner Sennenhündin Frieda in der Weltkulturerbestadt Bamberg.

Sie schreibt und publiziert seit über 38 Jahren mit großer Leidenschaft.

Sie ist Autorin von bislang 32 Büchern, mit denen sie das Leben für die Leser etwas besser machen möchte.

Sie berät Menschen, die ein eigenes Buch veröffentlichen möchten und unterstützt sie auf dem Weg von der Idee bis zur Publikation, auch in wissenschaftlichen Buchprojekten. Sie hilft angehenden Autoren, ihren Traum vom eigenen Buch zu verwirklichen und ihre einzigartige Geschichte in einem Buch zu veröffentlichen.

In den letzten 18 Jahren hat sie mehr als 800 Autoren und angehende Autoren begleitet, ihre Sichtbarkeit und ihren Expertenstatus durch ein Buch deutlich zu steigern.

Selbstständige, Coaches, Trainer, Ärzte, Therapeuten und andere erfahrene Menschen sind mit Spaß und Leichtigkeit gemeinsam mit ihr ihren Weg des „Erfolgs mit Herz“ gegangen, um ihr erstes, fünftes oder 20. Buch zu schreiben, zu veröffentlichen und zu vermarkten.

Durch ihr exklusives 1:1 Mentoring-Programm, ihr Teamwriting-Angebot und ihr Onlineprogramm schaffen es ihre Kunden, ihren Traum vom eigenen Buch zu verwirklichen.

Unter dem Motto *Bücher mit Herz* produziert sie in ihrem eigenen Verlag, der Edition Forsbach in Bamberg, Bücher mit positiven Gedanken für ein positives, gelingendes Leben.

Kontakt:

Dr. Beate Forsbach

Küchelstraße 9
96047 Bamberg

Telefon: +49 951 96439936
E-Mail: info@beateforsbach.de

Persönliche Homepage: www.beateforsbach.de
Edition Forsbach: www.edition-forsbach.de

Beate Forsbach:

Der Himmel hat einen neuen Stern
Abschied vom Seelenhund

ISBN 978-3-95904-196-6
Edition Forsbach 2022

Als ihre Berner Sennenhündin Senta starb und Beate Forsbach ihre Trauer darüber öffentlich machte, erreichten sie Hunderte von Beileidsbekundungen über alle Kanäle.

Viele Menschen erzählten von ihren kranken oder verstorbenen Tieren. Von ihrer tiefen Trauer und von der Einsamkeit, wenn sie am Morgen kein fröhliches Bellen mehr begrüßt. Und auch von dem Schmerz, wenn sich für manche Mitmenschen durch den Tod des Hundes nichts verändert hat.

Viele Menschen haben auch Angst vor „dem Tag", an dem sie ihren geliebten Hund gehen lassen müssen. Ob man den richtigen Moment erkennt und wie man damit umgeht.

Beate Forsbach möchte Hundebesitzern Kraft geben für die letzten Tage und für die Zeit nach dem Verlust, um die Trauer um ihren Hund liebevoll anzunehmen.

Sie zeigt, wie wir uns auf das große Geschenk der Liebe einlassen können, das unser Hund uns in den letzten Momenten seines Lebens macht. Und welche Kraft und Zuversicht wir gewinnen, wenn wir annehmen, was wir von unserem Hund lernen können.

Ein inspirierendes Buch mit viel Gefühl für alle, die sich und ihrem Hund helfen wollen, Abschied zu nehmen – und um neuen Mut für das Leben danach zu gewinnen.

Beate Forsbach & Frauke Daerr:

Und dann kam Frieda
Ein etwas anderes Welpenbuch

Geleitwort von José Arce
ISBN 978-3-95904-132-4
Edition Forsbach 2024

Hundemama mit 70

Als meine Seelenhündin Senta starb, schien die Welt unterzugehen und ich konnte mir kaum vorstellen, wieder einen neuen Berner Sennenhund zu haben.

Bis zu dem Tag, gut einen Monat nach meinem 70. Geburtstag, als ich die *Berner Sennenhunde von Delingsdorf* mit ihrer Züchterin *Frauke Daerr* entdeckte.

Es hatte gefunkt – und schon am selben Abend schrieb Frauke mir zu meinem Buch *Senta & ich*: Und enden wird es mit dem Kapitel *Und dann kam Frieda …*

In diesem Buch beschreibe ich meine Vorbereitung auf Frieda, die aufregende und turbulente Welpenzeit, die Erlebnisse mit der temperamentvollen Junghündin sowie viele Glücksmomente.

Gemeinsam mit der Züchterin Frauke Daerr gebe ich praktische Tipps, insbesondere für ältere Menschen, die noch einmal einen Welpen großziehen möchten. Denn „zu alt“ ist man erst, wenn man sich nicht mehr verändern möchte und einem der Lebensmut abhanden gekommen ist.

Der Hundeexperte José Arce hat das Geleitwort zu diesem Buch geschrieben. Sein Welpenbuch war sehr hilfreich für mich. Danke!